Farzad Alaeimoghadam

Exploração dos terpenos na biotecnologia vegetal

Farzad Alaeimoghadam

Exploração dos terpenos na biotecnologia vegetal

ScienciaScripts

This book is a translation from the original published under ISBN 978-3-659-
90850-7.

Publisher:
Sciencia Scripts
is a trademark of
Dodo Books Indian Ocean Ltd. and OmniScriptum S.R.L publishing group

120 High Road, East Finchley, London, N2 9ED, United Kingdom
Str. Armeneasca 28/1, office 1, Chisinau MD-2012, Republic of Moldova,
Europe
Managing Directors: Ieva Konstantinova, Victoria Ursu
info@omniscriptum.com

Printed at: see last page
ISBN: 978-620-3-28623-6

Farzad Alaeimoghadam[1], Farnaz Alaeimoghadam[2]

1- Licenciado pelo Departamento de Agronomia e Melhoramento de Plantas da Faculdade de Agricultura e Recursos Naturais da Universidade de Teerão, Karaj, e-mail : fa111365@yahoo.com
2- Estudante de Mestrado, Departamento de Ciência Alimentar, Faculdade de Agricultura, Universidade de Urmia, Urmia, Irão, email : farnaz.alaei1990@yahoo.com

Conteúdo:

Resumo

Os terpenos são os metabolitos secundários mais comuns na natureza, onde são importantes tanto a nível primário como secundário. São utilizados pelo homem para uma variedade de fins, desde a alimentação e cosmética até aplicações empíricas, farmacêuticas e industriais. Mas neste estudo, os terpenos serão utilizados nas plantas, onde satisfazem uma variedade de requisitos, desde os mais primários aos mais secundários. Os terpenos desempenham um papel na respiração, fotossíntese, regulação proteica, regulação do crescimento e modulação do desenvolvimento, como funções primárias; na sinalização - incluindo alelopatia e polinização - e no sistema de defesa das plantas, direta ou indiretamente, contra estímulos bióticos e abióticos, como funções secundárias. No final do artigo, serão destacadas as dificuldades e os métodos de aplicação biotecnológica destes compostos; em seguida, serão revistas as realizações triunfantes neste domínio, que resultam quer da atribuição às plantas das caraterísticas dos terpenos, quer da acumulação destes últimos no sistema vegetal para utilizações farmacêuticas e industriais.

Palavras-chave: Terpenos; Biotecnologia vegetal].

1- Introdução :

Porquê terpenos? Os terpenóides são uma classe de compostos grande e diversificada na natureza, com mais de 55 000 compostos conhecidos (Moses T. et al., 2013; Brahmkshatriya P. P. & Brahmkshatriya P. S., 2013; Dudareva N. et al, 2012; Dudareva N et al., 2004; Zwenger e Basu, 2008; Keeling e Bohlmann, 2006; Hsieh e Goodman, 2005; Maimone Th. J. & Baran Ph. S., 2007), todos os organismos vivos (mas não os parasitas) os sintetizam (Vranova et al., 2012). Os terpenos são encontrados em diferentes formas na natureza, como hidrocarbonetos, álcoois e seus glicosídeos, éteres, aldeídos, cetonas, ácidos carboxílicos e ésteres (Breitmaier E., 2006) e são de grande importância económica (Webb H. et al., 2011). Os terpenos são úteis para os seres humanos como: conservantes (Gallucci M. N. et al., 2009; Franklin L. & Pimentel J., 2003), aromatizantes, fragrâncias (Canker K. et al., 2014), corantes (Giuliano G. et al., 2008), aditivos alimentares, enriquecimentos alimentares e antioxidantes (Giuliano G. et al.., 2008), corantes e pigmentos (Caputi L. & Aprea E., 2011; Adams T. B. et al., 2011; Manfredi K. P., 2007; Carvalho C. & Fonseca M., 2006; Lejonklev J. et al., 2013; Owusu-Yaw J. et al., 2006; Hussain Md. S. et al., 2011; Tamer M. et al., 2003), antimicrobiano, antibacteriano (Kadogo Kitonde C. et al., 2013) e antialgas (Nostro A. et al., 2000; Owen R. & Palombo E., 2007; Belletti N. et al., 2010; Ikawa M. et al., 1992; Nasimul Islam A. K. M. et al..., 2003), melhorou o prazo de validade dos alimentos (Dabbah R. et al, 1970; Binet M. L. et al., 2000; Howard H. W., 2013; Sardo A., 2014) na indústria alimentar e cosmética; a determinação de assinaturas quirais em laboratório (Wong Y. F. et al..., 2015); na indústria de polímeros como a borracha (Zwenger e Basu, 2008) e a guta-percha (Jaiwal P. et al., 2007); na medicina, como fármacos (Hussain Md. S. et al., 2011; Canker K. et al., 2014), como o taxol (anticancerígeno) (Rowinsky E. et al..., 1992) e a artemisinina (anticancerígena e antimalárica) (Klayman D., 1985); no entanto, foram objeto de uma atenção especial no sector dos biocombustíveis (Stewart Jr C. N. et al., 2010; Wang X. et al., 2015; Canker K. et al., 2014). Merecem, portanto, ter sido objeto de um estudo sério desde o início do século XIX (Croteau R., 1998).

Porquê um terpeno vegetal? As plantas produzem um maior número de isoprenoides estruturalmente diversos do que outros organismos (Newman J. D. & Chappell J., 1999; Vranova et al., 2012), além de serem uma fonte fantástica e comum de outros produtos naturais, incluindo alcaloides, glicosídeos e compostos fenólicos (Kurz W. G. W. et al., 1984; Zwenger e Basu, 2008). Os principais constituintes dos extractos de plantas e do óleo essencial provêm das vias dos ácidos gordos, dos fenilpropanóides e, sobretudo, dos isoprenóides (Daviet L. & Schalk M., 2010; Webb H. et al., 2013; Das A. et al, 2013; Chen F. et al., 2009). Em geral, os metabolitos secundários das plantas dividem-se em quatro grupos: terpenóides, alcalóides, compostos fenólicos e quinonas (Jaiwal P. et al., 2007). O custo da produção de terpenos nas plantas e a quantidade de trabalho necessário para extrair estes compostos são incentivos para os explorar em vez de outros organismos (Daviet L. & Schalk M., 2010). Os terpenos são importantes para identificar questões de genética, metabolismo e filogenia das plantas. Os genes dos terpenos são inestimáveis para o estudo do mecanismo de regulação dos genes nas plantas e são também utilizados como marcadores genéticos na . De facto, a síntese de terpenos e os genes de regulação podem revelar aos cientistas a história evolutiva das plantas, como evoluíram, como se separaram umas das outras, e este tipo de informação pode ser rastreada nos genes de terpenos, uma vez que a deriva aleatória e o fluxo de genes são duas explicações prováveis para a diversidade de terpenos nas plantas. No entanto, a mutação dos genes reguladores pode ser responsável pela variação quantitativa dos genes dos terpenos. Foi sugerido que os sistemas de mono, sesqui e diterpenos em coníferas são de grande valor para avaliar a regulação dos genes e a sua importância na evolução das plantas (Hanover J. W., 1992).

Além disso, a ciência básica relativa aos terpenos nas plantas acelerou a compreensão das reacções bioquímicas e metabólicas nas plantas e esta luta pode ainda levar à descoberta de alguns novos compostos ou vias nas plantas (Zwenger e Basu, 2008), e devido à sua importância no desenvolvimento das plantas e ao potencial de engenharia da sua via, a identificação e caraterização dos genes que os codificam foi realizada em muitas espécies de plantas (Ma et al., 2012). Afinal de contas, estes compostos surpreendentes têm muitas funções diversas nas plantas, que serão discutidas mais adiante neste artigo.

A palavra "terpeno" vem de "terebintina" (latim: balsamum terebinthinae que significa "resina de pinheiro") (Breitmaier E., 2006). Todos os terpenos são derivados de um bloco de construção universal, o 2-metil-1,3-butadieno (isopreno, C5H8) (Breitmaier E., 2006), e os terpenos são chamados hemiterpenos (uma unidade, C5H8), monoterpenos (duas unidades, C10H16), sesquiterpenos (três unidades, C15H24), diterpenos (quatro unidades, C20H32), etc., dependendo do número destes blocos de construção incluídos na sua estrutura (Ma et al., 2012).

A biossíntese de terpenos nas plantas divide-se em três fases (Dudareva N et al....2004). Em primeiro lugar, a biossíntese de duas formas activas de isopreno, isopentenil difosfato/pirofosfato (IDP/IPP) e dimetilalil difosfato/pirofosfato (DMADP/DMAPP) através de duas vias, a via do acetato/mevalonato (MVA) (Maffei M. et al, 2007; Webb H et al., 2014) e a via do 2-c-metil-D-eritritol (MVA). 2- fosfato/piruvato-gliceraldeído 3-fosfato (MEP) (Maffei M. et al., 2007; Webb H et al., 2014). Na segunda fase, através das enzimas prenil transferase, os intermediários terpenos geranil difosfato/pirofosfato (GDP/GPP) (precursor dos monoterpenos), farnesil difosfato/pirofosfato (FDP/FPP) (precursor de sesquiterpenos e triterpenos) e geranilgeranil difosfato/pirofosfato (GGDP/GGPP) (precursor de diterpenos), acabam de ser criados. No final, certas enzimas chamadas terpeno sintases/ciclases (TPS) actuam sobre estes intermediários para produzir os terpenos finais, mas após esta fase podem ocorrer outras modificações no esqueleto geral do terpeno, como a oxidação, a metilação, a acilação, etc. (Cheng et al., 2007; Dudareva N et al., 2004; Bohlmann J. et al., 1998).

Primeira etapa: A via MVA, descoberta na década de 1950 (Ahn e Pai, 2008), ocorre de uma forma ou de outra na maioria dos organismos e está localizada no citosol, no retículo endoplasmático e no peroxissoma (Dudareva N. et al., 2012; Ahn e Pai, 2008), esta via contém seis passos enzimáticos (Dudareva N. et al..., 2012) que convertem acetil coA do ciclo de Krebs (Webb H et al., 2014) em IPP, que é depois convertido em sesquiterpenos, triterpenos e esteróis (Dudareva N. et al., 2012; Wen e Yu, 2011). A MEP, por outro lado, foi descoberta apenas recentemente (no final do século XX) (Dubey V. Sh. et al., 2003; Hsieh e Goodman, 2005; Ma et al., 2012), está presente apenas em eubactérias, algas, alguns protozoários e plantas (Webb H et al., 2014; Hsieh e Goodman, 2005; Ma et al, 2012), a via está localizada apenas nos plastídeos (Dudareva N. et al., 2012); a MEP contém sete reacções enzimáticas (Dudareva N. et al., 2012) que convertem o gliceraldeído-3- fosfato e o piruvato do ciclo de Calvin (Webb H et al, 2014) em dois produtos, IPP e DMAPP, que depois levam à produção de monoterpenos, diterpenos e tetraterpenos (Dudareva N. et al., 2012; Wen e Yu, 2011). Além disso, pensava-se inicialmente que estas duas vias estavam isoladas uma da outra, mas mais tarde os cientistas, utilizando a marcação de genes (Vranova et al., 2012) e a metodologia NMR (Schuhr Ch. A. et al., 2003), aperceberam-se de que havia uma interação entre elas, sob a forma de PPIs, DMAPPs, FPPs e GPPs (Dudareva N. et al...), 2012; Gentry S. et al., 2014; Dudareva N et al..., 2004), e esta interação depende sempre do tipo de precursor e do produto final a sintetizar (Dudareva N. et al., 2012; Schuhr Ch. A. et al., 2003; Wen e Yu, 2011). Na *Melaleuca alternifolia, a* produção de biciclogermacreno (um tipo de sesquiterpeno, que se pensa ser sintetizado a partir de um precursor fornecido pela via MVA) é suportada por precursores das vias MEP e MVA (Webb H. et al., 2013; Webb H. et al., 2011). No entanto, não ocorre crosstalk entre os intermediários destas duas vias (Dudareva N. et al., 2004). Além disso, foi entendido que o fluxo de carbono na MEP é maior do que na MVA, de modo que a MEP desempenha um papel mais importante na produção de terpenos do que a MVA (Webb H. et al., 2013; Dudareva N. et al., 2012).

Segunda e terceira fases: A segunda fase da síntese dos terpenos consiste na produção de difosfatos de isoprenilo, que são o difosfato de geranilo (GDP), o difosfato de farnesilo (FDP) e o difosfato de geranilo e geranilo (GGDP); as enzimas responsáveis são denominadas prenil transferases (PTs) ou isoprenil difosfato sintases (IDSs), que se dividem em três classes cadeia curta, cadeia média e cadeia longa (Vranova et al., 2012); destes, o primeiro grupo foi estudado mais de perto e foram descobertas três enzimas GDS, FDS e GGDS desta classe (Ma et al., 2012). Na terceira etapa da síntese de terpenos, as enzimas chamadas terpeno sintases (TPS), divididas em sete classes (Keeling e Bohlmann, 2006) de TPSa a TPSg, são responsáveis pela conversão de GDP, FDP e GGPP em monoterpenos, sesquiterpenos e diterpenos, respetivamente (Keeling e Bohlmann, 2006).

Uma vez formada a estrutura geral dos terpenos, são-lhes introduzidas algumas modificações para alterar a sua volatilidade e qualidades olfactivas e adaptá-los a diferentes utilizações. As modificações dos compostos terpénicos após a sua formação são as seguintes: oxidação pelo citocromo P450, oxidação pelas desidrogenases, metilação do grupo hidroxilo, metilação do grupo carboxilo, hidroxilação, desidrogenação e acilação (Dudareva N. et al, 2012; Dudareva N. et al, 2004) Além disso, existem terpenos irregulares derivados de certas reacções realizadas em carotenóides, FPP e GGPP (Dudareva N. et al., 2012). Os principais componentes aromáticos da rosa híbrida e do morango são compostos metilados (Dudareva N. et al., 2004). Neste artigo, após uma breve exploração da importância dos terpenos para as próprias plantas, será considerada a sua utilização na biotecnologia vegetal.

2- A importância dos terpenos para as plantas :

Os terpenos, como já mencionámos, estão no centro dos metabolitos secundários, sendo também importantes como metabolitos primários nas plantas (Moses T. et al., 2013; Hsieh e Goodman, 2005; Vranova et al., 2012; Wang et al., 2007; Nagegowda, 2010). Alguns deles são reguladores de crescimento (Mazid M. et al., 2011; Newman J. D. & Chappell J., 1999), como a citocinina (Glas J. J. et al., 2012; Pulido et al., 2012), brassinosteróides (Glas J. J. et al., 2012; Pulido et al., 2012), ácido giberélico (Mazid M. et al., 2011; Glas J. J. et al, 2012; Pulido et al, 2012) (um tipo de diterpeno, envolvido na germinação de sementes, expansão foliar, floração e frutificação, produção de massa seca e biomassa, condutância estomática, fixação de CO_2, carregamento do floema, translocação de assimilados e outras actividades indiretamente através da ativação de certas enzimas)(Mazid M. et al, 2011), ácido abscísico (Mazid M. et al..., 2011; Glas J. J. et al., 2012; Pulido et al, 2012) (é um derivado sesquiterpénico que é uma hormona de dormência, actua como ativador da transcrição em resposta ao stress hídrico, está envolvido na alcalinização do citosol, e é ainda ativo na neutralização da radiação UV-B) (Mazid M. et al..., 2011), estrigolactonas (regulador da ramificação dos rebentos) (Mazid M. et al., 2011; Glas J. J. et al., 2012; Pulido et al., 2012; Seto Y. et al., 2013), carlactona (precursor da estrigolactona) (Pulido et al., 2012; Seto Y. et al., 2013); alguns actuam como estabilizadores de membrana (Mazid M. et al, 2011; Newman J. D. & Chappell J., 1999), como o esterol (Mazid M. et al..., 2011) (um tipo de triterpeno, que desempenha um papel na membrana celular como canal regulador e intervindo na permeabilidade da membrana) (Mazid M. et al., 2011); nas reacções redox da respiração e da fotossíntese (como molécula inteira ou como cadeia lateral importante na função desta molécula), como os carotenóides (Pulido et al..., 2012), o tocoferol (Pulido et al., 2012), a filoquinona (Pulido et al., 2012), a plastoquinona (Pulido et al., 2012) e a ubiquinona (Nieuwenhuizen N. J. et al., 2013; Gentry S. et al., 2014; Pulido et al., 2012); como um agente de ancoragem (Newman J. D. & Chappell J., 1999), como o anel fitol da clorofila (que é um diterpeno importante para ancorar a clorofila na membrana e melhorar a eficiência da clorofila na fixação de CO 2 e acumulação de biomassa) (Mazid M. et al..., 2011); como regulador de proteínas na interação com outras proteínas e com a membrana celular, nesta função dos terpenos, denominada prenilação ou lipidação, os terpenos são adicionados como um grupo isoprenil que é FDP ou GGDP com uma ligação covalente ao c-terminal do resíduo de cisteína das proteínas (Pulido et al...), 2012), para além disso, o componente poliprenol dos dolichóis, quinonas e proteínas é um derivado de terpeno (Newman J. D. & Chappell J., 1999), e o linalol (um tipo de monoterpeno) é mencionado como sendo importante para o sucesso da frutificação das plantas (Jongsma M., 2004).

Os terpenos constituem a parte principal dos metabolitos secundários e são, por conseguinte, importantes para as várias funções desempenhadas por estes compostos nas plantas. Os terpenos são activos no sistema de defesa das plantas contra vários agentes bióticos e abióticos; são responsáveis pelo aroma (Abaroni A., et al., 2004), pelo sabor, pelas propriedades farmacêuticas específicas das plantas, como compostos de sinalização entre plantas e outros organismos e na adaptação e estratégia de vida específica das plantas (Breitmaier E., 2006; Wink M., 2003; Abaroni A., et al., 2004; Hadacek F., 2002; Hemming D., 2011).

2-1- Os terpenos como mensageiros :

Os terpenos são responsáveis pela transmissão de dados com outros organismos (Gershenzon J. & Dudareva N., 2007; Paiva N.L., 2000; Wink M., 2003; Kappers I. F. et al., 2008; Webb H. et al., 2011; Gentry S. et al, 2014) por diversas razões, incluindo para os atrair como polinizadores (Mahmoud S. S. & Croteau R. B., 2002), por razões alelopáticas, para transmitir sinais às plantas vizinhas (Baldwin I. T. et al., 2006), enquanto outras são uma traição às plantas. De um ponto de vista evolutivo, tem-se argumentado que os terpenos contribuíram para certas mudanças funcionais na história das plantas, nomeadamente através da regulação destes genes e da sua distribuição espacial. Como os terpenos são importantes componentes de sinalização, as alterações de função podem estar ligadas à distribuição ou à receção de sinais (Theis N. & Lerdau M., 2003). Os compostos voláteis, dos quais os terpenos são os principais, estão relacionados, se não forem idênticos, com as feromonas dos insectos, de modo que as flores que os emitem se tornaram um local de acasalamento para os insectos, que servem ao mesmo tempo para polinizar as plantas, de modo que as angiospérmicas evoluíram de um estado anemófilo para um estado entomófilo (Harrewijn P., et al., 1994/95). A alelopatia é uma das caraterísticas dos terpenóides, nomeadamente dos monoterpenóides (Mahmoud S. S. & Croteau R. B., 2002). Este efeito é exercido sobre a germinação das sementes, o crescimento de estirpes bacterianas, o desenvolvimento e o crescimento de certos insectos e o crescimento de fungos patogénicos. Por exemplo, o óleo essencial completo de hortelã-pimenta (que se caracteriza por terpenos) a 324 e 593 ppm mostrou um efeito inibidor na respiração radicular e mitocondrial das sementes de pepino, respetivamente (Maffei M. et al., 2007). *Tagetes minutaL.* apresentou uma qualidade alelopática que se deveu ao teor de terpenos desta planta (Lopez M.L., et al., 2008). Numa experiência, *o Pinus halepensis L.* emitiu mais compostos voláteis quando cresceu perto de outra planta da sua própria espécie do que quando cresceu perto de *Quecus ilex L.* Como resultado desta reação, a taxa de crescimento e a biomassa das plântulas de pinheiro apresentaram uma resposta positiva quando a planta vizinha não era a mesma que a sua (Penuelas J. & Llusia J., 1998). Os terpenos podem estar envolvidos na aptidão das plantas vizinhas, bem como na sua preparação para riscos futuros (Baldwin I. T. et al., 2006; Das A. et al, 2013), existe uma relação íntima entre as plantas e o solo circundante e os organismos nele contidos através dos terpenos; os resultados obtidos com algumas plantas de tomilho mostraram uma associação espacial positiva com o seu solo nativo, embora apresentassem uma menor variação no mesmo (Grondahl E. & Ehlers B. K., 2008). Vários metabolitos secundários de plantas, incluindo o limoneno, mostraram um efeito sobre a estrutura da comunidade bacteriana no solo (Uhlik O.

et al., 2013). Num estudo sobre a cevada *(Hordeum vulgare),* os resultados mostraram que a infeção por um pulgão *(Rhopalosiphumpadi)* numa cultivar pode provocar uma resposta e que a tendência dos pulgões para atacar a segunda cultivar é baixa, os resultados também mostraram que as plantas mais velhas responderam mais fortemente do que as mais jovens (Kellner M. et al., 2010). Por outro lado, os terpenos emitidos por certas plantas traem o seu proprietário ao servir certos herbívoros. Foi demonstrado que as moscas brancas *(Bemisia tabaci)* utilizam os terpenos como vestígios das plantas de tomateiro para encontrar o seu potencial hospedeiro e evitar as que lhes são tóxicas (Bleeker P. M., et al., 2009). Foi demonstrado que a fecundidade de duas cochonilhas japonesas aumenta com o teor de álcool terpenoide de duas espécies de árvores (McClure M. S. & Hare J. D., 1984).

2-2- Os terpenos como protectores :

Os terpenos ajudam as plantas a protegerem-se contra os stresses bióticos e abióticos (Wink M., 2003 ; Levin D. A., 1976 ; Dudareva N. & Pichersky E., 2008 ; Holopainen J. K., 2004 ; Erb M. et al., 2008 ; Tholl D., 2006 ; Mahmoud S. S. & Croteau R. B., 2002). Em geral, a perceção dos mecanismos de defesa das plantas baseia-se principalmente nos terpenos (Cheng et al., 2007), uma vez que estes são activos em formas diretas e indirectas de defesa sob stress biótico e abiótico (Jongsma M., 2004; Cheng A. X. et al., 2007; Vickers C. E. et al., 2009). Os terpenos são produzidos para atrair predadores e parasitas para controlar herbívoros, podem atuar como alomona e kairomona para os organismos, são sintetizados em resposta a um ataque e podem ter um efeito nocivo nos seus invasores.

Os terpenos, em conjunto com outros compostos sob a forma de substâncias voláteis, atraem os inimigos naturais dos atacantes de plantas, e esta resposta é específica, na medida em que não ocorre em caso de danos mecânicos artificiais (Dicke M. & Sabelis M. W., 1988; Dicke M. & Sabelis M. W., 1987). O efeito da composição em terpenos das plantas de pepino sobre a força de atração dos predadores em resposta ao ataque de ácaros foi confirmado (Kappers I.F., et al., 2010). O terpeno 4,8,12-trimetiltrideca-1,3,7,11-tetraeno é libertado por várias plantas, como a *Arabidopsis thaliana,* em resposta ao ataque de herbívoros para atrair predadores e parasitas (Herde M., et al., 2008). Pensa-se que o (E)- beta-cariofilano é biossintetizado no milho sob o ataque de *Spodoptera Littoralis, S. frugiperda* e *Diabrotica virgifera vigifera,* e que a ausência do gene responsável por este terpeno é a principal razão pela qual certas espécies de milho cultivadas nos Estados Unidos não são resistentes a estas pragas. Este terpeno actua atraindo predadores e parasitas destas pragas (Smith W. E. C. et al., 2012; Kollner T. G. et al., 2008; Dudareva N. et al., 2012). O esqualeno, um triterpeno, é considerado um atrativo para o parasitoide Pholetesor em macieiras infestadas pela lagarta-das-folhas (Phyllonorycter) (Vogler U. et al., 2009).

Foram demonstrados os efeitos repelentes (alomona) e atractivos (kairomona) dos terpenos. Os terpenos podem atuar como feromonas para os insectos e, por conseguinte, interferir nas suas fases de desenvolvimento (Bohlmann J. et al., 1998). As fitoecdisonas, triterpenos, exercem o seu efeito letal nos insectos interferindo com a sua muda e outras fases de desenvolvimento e fisiológicas (Mazid M. et al., 2011). O bisaboleno (um tipo de sesquiterpeno) pode atuar como um análogo de hormona que interfere com a reprodução e o desenvolvimento dos insectos (Bohlmann J. et al., 1998). O limoneno repele *Atta cephalotes* dos citrinos; no entanto, um baixo teor de limoneno nos citrinos mostrou uma baixa atração de certos fungos *(Penicillium digitatum* e Xanthononascitri *subsp. Citri)* (Rodriguez A. et al., 2011). Outro estudo mostrou uma correlação entre o D-limoneno e o mecanismo de defesa em citrinos, uma vez que a regulação positiva deste terpeno resultou num fraco mecanismo de defesa que deu origem a um ataque de microrganismos, seguido de um fácil acesso às sementes dentro das polpas, que é explorado pela dispersão de sementes (Rodriguez A., et al., 2013). Os sesquiterpenos 7-epizingibereno e R-curcumeno sintetizados em certas espécies de *Solanaceae* mostraram um efeito repelente sobre a mosca branca da folha prateada *(Bemisia tabaci)* (Gas J. J. et al., 2012). Outros terpenóides importantes activos na repelência de pragas são o gossipol, o poligodial, o glaucolide-A e a cucurbitacina (Bennett R. N. & Wallsgrove R. M., 1994). Uma experiência mostrou o efeito atrativo de certos terpenos em diferentes concentrações na oviposição da traça do tubérculo *(Phthorimaea operculella)* (Yanfen M. et al., 2012), o linalol é considerado importante para o sucesso da oviposição da traça (Jongsma M., 2004). A artemísia produz terpenos biodefensivos que impedem o galo silvestre de se alimentar (Stierman B., 2013).

As plantas produzem certos terpenos em resposta ao ataque de herbívoros e são libertados novamente quando são danificadas por agentes físicos (Arimura G. I., et al., 2009; Dicke M. & Sabelis M. W., 1988), alguns destes terpenos são específicos para um determinado dano, enquanto outros são genéricos na sua aplicação de defesa. Um dos monoterpenos mais comuns encontrados nas plantas e libertados em resposta a danos causados por herbívoros e lesões mecânicas é o (E)-beta-ocimeno (Faldt J. et al., 2003), e pensa-se que este terpeno está provavelmente na origem da relação tri-trófica no processo de defesa das plantas (Kliebenstein D. J., 2004). O linalol é libertado pelas folhas de muitas plantas quando atacadas por herbívoros (Yang T. et al., 2013). Os níveis de (-)-alfa-pineno, (+)-alfa-pineno e gama-3-careno foram aumentados em resposta ao ataque de *Heterobasidion*, mas não após ferimento mecânico em *Picea abies* (Zamponi L. et al., 2007). No algodão *resistente a Vericilliumdahlia*, vários sesquiterpenóides estão activos. A infeção do tabaco por *Phythphtora nicotiana var. nicotiana* induziu a produção rápida de certas fitoalexinas sesquiterpenóides, ao passo que a indução da produção destes compostos em cultivares susceptíveis foi muito mais lenta. Neste exemplo, verificou-se uma correlação entre a indução rápida destes sesquiterpenóides e a resistência aos fungos (Bennett R. N. & Wallsgrove R. M., 1994). No milho, foi descoberta uma terpeno sintase induzida pelo ataque da lagarta do cartucho da beterraba (Lin Ch., et al., 2008). Além disso, um novo grupo de sesquiterpenóides, a fitoalexina, foi descoberto no milho e mostrou uma produção induzível após a infeção por fungos como o *Fusarium* (Huffaker A., et al., 2011). As plantas de urtiga *(Solanum carolinense) de* variedades diferentes apresentaram um baixo ataque da borboleta *Manduca sexta* e um nível mais elevado de emissão de voláteis em comparação com as suas plantas de variedades diferentes (Kariyat R. R., et al., 2013). Numa avaliação, o trigo e o triticale inoculados com *Fusarium culmorum* apresentaram uma produção seis e oito vezes superior de tricodieno (um tipo de sesquiterpeno), respetivamente, do que as plantas de controlo não infectadas com o fungo (Perkowski J., et al., 2008). Foi registado um aumento do nível de (E)-beta-cariofileno (um tipo de terpeno) nos rebentos de milho após a alimentação das raízes por *Diabrotica virgifera*; as análises de transcrição mostraram que não houve uma regulação positiva deste terpeno nos rebentos, o que aparentemente implica a translocação deste terpeno das raízes danificadas (Erb M. et al., 2008). Uma mistura de ácidos mono, sesqui e diterpenóides num composto chamado oleorresina é mencionada como o mecanismo de defesa baseado em terpenos para combater a infestação do escaravelho da casca e do seu fungo simbiótico em *Abies grandis* (Phillips M. A., 1999). A artemisinina e o taxol são dois terpenos que são produzidos em resposta ao ataque de agentes patogénicos nas plantas (Pulido et al., 2012).

Os efeitos nocivos dos terpenos sobre as plantas (Cheng A. X. et al., 2007) incluem: antimicrobiano, anti-herbívoro (Dudareva N et al., 2004), antifúngico (Webb H et al., 2014), efeitos sinérgicos nematicidas, antagonistas e dissuasores contra certos agressores vegetais (Mazid M. et al, 2011 ; Ntalli N. G. et al, 2010), efeito inibidor do crescimento contra insectos (Waiss A. C., et al., 1981), antibacteriano (Zhang H., et al., 2011), inseticida (Zhang H., et al., 2011, Mazid M. et al., 2011), citotóxico (Zhang H., et al., 2011), moluscicida (Zhang H., et al., 2011) e antiparasitário (Han et al., 2008). Os piretróides e os ésteres de monoterpenos presentes nas folhas das espécies de crisântemo têm um efeito neurotóxico nos escaravelhos, vespas, traças, abelhas, etc. Além disso, os monoterpenos presentes nas folhas das espécies de crisântemo têm um efeito neurotóxico nos escaravelhos, vespas, traças e abelhas. Além disso, os monoterpenos presentes na resina de pinheiro e de abeto revelaram-se tóxicos para certos insectos. O geraniol, um monoterpeno acíclico, induz a paragem do ciclo celular e a apoptose/denescência nas plantas (Ghosh S. et al., 2013) e é considerado um inibidor do crescimento de certos fungos (Lange B. M. & Ahkami A., 2013). A tashinona (um tipo de terpeno) demonstrou ter qualidades antioxidantes (Ng T.B., et al., 2000). Certos compostos da classe dos triterpenos foram relatados como eficazes contra a infeção pelo fungo *colletotricum* em morangos (Amil-Ruiz F. et al., 2011). A cucurbitacina C, um triterpenóide amargo, contido no *Cucumis sativus*, tem sido associada à resistência da planta ao ácaro *Tetranychus urticae* (Balkema-Boomstra A. G. et al., 2003). As algas produzem esteróis para se protegerem contra certos herbívoros (Mazid M. et al., 2011). O limnoide, outro triterpeno presente no género citrino, tem um efeito anti-herbívoro devido ao seu sabor amargo (Mazid M. et al., 2011). O forbol, um éster diterpeno presente nas *Euphorbiaceae,* actua como um irritante contra mamíferos herbívoros (Mazid M. et al., 2011). Os carotenóides e a borracha são tetra- e politerpenos, respetivamente; a própria borracha é importante para fornecer proteção na cicatrização de feridas, bem como defesa contra herbívoros (Mazid M. et al., 2011). Foi relatado que a atividade antifúngica contra certos fungos *Fusarium* de alguns pinheiros pode estar relacionada com o seu teor de alfa e beta pineno; além disso, outro estudo sobre *Pistacia lentiscus* mostrou essa correlação com o teor de alfa pineno (Krauze-Baranowska M et al., 2002). O gossipol, um disesquiterpeno dimérico presente no algodão, e o esclareol, um diterpeno, foram mencionados como agentes antifúngicos (Glas J. J. et al., 2012; Jaiwal P. et al., 2007). O zingibereno também demonstrou ser tóxico para o escaravelho da batata do Colorado *(Leptinotarsa decemlineata)* (Glas J. J. et al., 2012). A remoção de sesquiterpenos da superfície foliar de *Solanum habrochaites* por limpeza com metanol mostrou um aumento na sobrevivência de larvas de lagarta do cartucho da beterraba *(Spodoptera exigua)* de 0% para 65% (Glas J. J. et al., 2012). Foi demonstrado que o alfa-terpineol, o alfa-pineno, o beta-pineno e o 1,8-cineol têm uma atividade inibidora contra a acetilcolinaesterase (ativa nas transições de mensagens nervosas) em larvas *de Zophobas morio* (Tian Y. N. et al., 2013).

De um modo geral, a relação entre os terpenos e os agressores é múltipla. Num estudo, as plantas de tabaco infectadas pelo Tomato yellow leaf curl China virus apresentaram um menor desempenho defensivo contra a mosca branca *Bemisia tobaci* do que as plantas de controlo, estando a explicação dada para este incidente ligada à supressão da produção de terpenos defensivos pelas plantas quando infectadas por este vírus, enquanto que as plantas saudáveis (não infectadas por este vírus) produzem terpenos defensivos contra tal ataque (Luan J. B. et al., 2012). Um estudo mostrou o efeito positivo da inoculação com *Rhizophagus intraradices* (um fungo micorrízico arbuscular) e *Beauveria bassiana* (um fungo entomopatogénico endofítico) na produção de terpenos em plantas de tomate e o subsequente aumento da resistência à lagarta do cartucho da beterraba *(Spodoptera exigua)* (Shrivastava G. et al., 2015). Afinal, os terpenos são utilizados pelas plantas para enfrentar melhor as ameaças ambientais e para atenuar os efeitos nocivos exercidos pelo seu ambiente.

Os stresses abióticos, como a intensidade da luz, as temperaturas elevadas e os stresses oxidativos, que resultam na produção de espécies reactivas de oxigénio (ROS) nas plantas, ameaçam-nas no seu ambiente (Webb H et al., 2014; Vickers C. et al., 2009; Dudareva N. et al., 2012). Os compostos orgânicos voláteis (COVs), que incluem os terpenos, são responsáveis por lidar com essas ameaças (Vickers C. E. et al., 2009; Giuliano G. et al., 2008; Dudareva N. et al., 2012; Webb H et al., 2014; Newman J. D. & Chappell J., 1999; Dudareva N. et al., 2004; Nagegowda, 2010); a função dos terpenos no stress abiótico é atenuar o efeito das ROS (espécies reactivas de oxigénio) (Vickers C. E. et al., 2009). O isopreno e alguns outros terpenos conferem termotolerância à fotossíntese em certas espécies. [A razão para isso está ligada à natureza hidrofóbica dos terpenos, que pode estabilizar a membrana tilacoide a altas temperaturas e impedir a fuga de protões, que é a causa do sofrimento das plantas a altas temperaturas (Singsaas E. L., 2000) ou ao efeito de aprisionamento dos terpenos nas ROS (espécies reactivas de oxigénio) (Penuelas J. & Llusia J., 2002)] (Dudareva N et al., 2004). Curiosamente, este efeito dos terpenos não se limita às plantas que os emitem, mas as plantas que recebem estes compostos também beneficiam (Singsaas E. L., 2000). Foi demonstrado que a fotorrespiração reduz os danos causados pela luz, particularmente a temperaturas elevadas, e aumenta a síntese de monoterpenos, o que pode aumentar a termotolerância da fotossíntese (Penuelas J. & Llusia J., 2002). A exposição ao ozono conduziu a uma sobreprodução de 40% de monoterpenos no pinheiro silvestre *(Pinus sylvestrisL.)* (Heiden A. C., et al., 1999; Holopainen J. K., 2004). Numa experiência de cultura de raízes de *Datura stramonium*, o tratamento com sais de cobre e cádmio resultou numa rápida acumulação de compostos sesquiterpenóides defensivos (Furze J. M. et al., 1991).

2-3- Os terpenos como agentes organolépticos :

Os terpenos conferem às plantas o seu sabor, cor, aroma, qualidade e caraterísticas farmacêuticas (Dudareva N. & Pichersky E., 2008). As fragrâncias florais estão principalmente relacionadas com terpenóides, compostos fenilpropanóides e benzenóides (Dudareva N. & Pichersky E., 2006; Ying-ying L., 2012). Entre os terpenos voláteis, os iso, mono e sesquiterpenos são os compostos voláteis mais importantes nas plantas (Nagegowda, 2010). Os monoterpenos, nomeadamente o D-limoneno, constituem o óleo essencial das glândulas das cascas dos citrinos (Rodriguez Baixauli A. M., 2013). Em dez árvores avaliadas do género Juniperus, o teor de óleo é dominado por monoterpenos (alfa-pineno, sabineno e limoneno) (Adams R., 1998). O linalol é um odor floral comum nas plantas (Yang T. et al., 2013). A medição da concentração de terpenos, em particular do linalol, é uma validação fiável para grãos de cacau de alta qualidade, uma vez que a força do aroma desta planta está diretamente relacionada com este teor de terpenos (Ziegleder G., 1990). O aroma do moscatel depende da acumulação de monoterpenos nas bagas (Battilana J. et al., 2009). A carvona (um tipo de monoterpeno) confere ao cominho o seu sabor caraterístico (Dudareva N. et al., 2004). O mentol da hortelã e o geraniol da rosa são dois outros exemplos de monoterpenos activos em fragrâncias vegetais (Singsaas E. L., 2000). O (E)-nerolidol (um tipo de álcool sesquiterpénico) foi identificado como o principal composto volátil emitido pelas *flores de Actinidia chinensis* (Green S. et al., 2012). O óleo essencial de *Artemisia annua* é composto principalmente por mono e sesquiterpenos (Polichuk et al., 2010). Os carotenóides eliminados pela dioxigenase desempenham um papel na cor e no sabor da fruta, e a vitamina A, que desempenha um papel importante na qualidade da fruta, é derivada dos carotenóides (Shu-zhen Y. & Hong-qiang Y., 2008; Lewinsohn E. et al., 2005). Para além do seu papel como corante, os carotenóides contribuem para o sabor do tomate e da melancia, uma vez que estes compostos se decompõem sob o efeito do rasgamento. Os carotenóides produzem o licopeno, principal pigmento do tomate e da melancia, e o gerânio, que é considerado um componente do aroma destas plantas (Lewinsohn E. et al., 2005). Antes de passar à secção seguinte do documento, convém fazer algumas observações sobre os metabolitos secundários e os terpenos.

2-4- Algumas noções sobre os terpenos nas plantas :

Os terpenos, particularmente os ligados a funções secundárias nas plantas, são sintetizados ou armazenados em certos tecidos específicos e em condições fisiológicas ou ambientais específicas (Dudareva N. et al., 2012). A síntese de terpenóides pode ser restrita a tecidos específicos, como células epidérmicas (Dudareva N et al., 2004), tricomas glandulares (Dudareva N et al., 2004) em estágios específicos de desenvolvimento (a quantidade de produção em folhas juvenis, frutos e flores no momento da polinização (Dudareva N et al, 2004) é mais elevada, podendo depois diminuir ou permanecer igual em fases posteriores) (Dudareva N. et al., 2004), ou durante certos impulsos, como o ataque de herbívoros (Bohlmann J. et al., 1998). Factores ambientais como a intensidade da luz, a concentração atmosférica de CO_2, a temperatura, a humidade relativa e o estado dos nutrientes podem afetar fundamentalmente o teor de compostos orgânicos voláteis (COV) (Dudareva N. et al., 2012). Alguns genes relacionados com terpenos mostraram tais regiões reguladoras na sua sequência, como por exemplo: os genes *hmgr* e *dxs* de *Picrorhiza kurrooa* mostraram sequências responsivas à luz e à temperatura nas suas regiões a montante. A sua expressão era regulada a 15 graus centígrados em comparação com 25, e a sua expressão à luz era mais elevada do que no escuro (Kawoosa T. et al., 2010). Os genes *dxr* e *dxs* são regulados pela luz, estágios de desenvolvimento e elicitores bióticos nos níveis transcricional e pós-transcricional (Ikram N. et al., 2015). O gene do linalol é um gene específico do tecido regulado pelo desenvolvimento (Bohlmann J. et al., 1998).

Os terpenos estão ainda mais envolvidos no metabolismo das plantas e conferem-lhes caraterísticas únicas, tornando por vezes o sistema vegetal ainda mais elaborado. Num estudo sobre o *Pinus halepensis,* foi registada *uma* relação negativa entre o teor relativo de água e a concentração de terpenos, mas não foi registada qualquer relação entre a fertilização (com azoto, fósforo ou ambos) e o teor de terpenos (Blanch J. S., et al., 2009). Foi demonstrado que alguns terpenos competem com o recetor de etileno (Grichko V. P. et al., 2003). Os terpenos mostraram uma relação com as áreas propensas a incêndios nas florestas australianas, com árvores pobres em terpenos a viver em áreas propensas a incêndios e espécies ricas em terpenos a viver em áreas menos propensas a incêndios (Webb H. et al., 2014). Foi demonstrado que vários metabolitos secundários de plantas, incluindo o limoneno, degradam o bifenilo policlorado (que é um tipo de poluente) (Uhlik O. et al., 2013). Num estudo, a adição de nutrientes a plantas cultivadas em microcosmos *(Dictyota ciliolate* e *Sargassum filipendula)* não resultou num aumento do teor de terpenos ou da vulnerabilidade aos herbívoros, enquanto o seu cultivo no campo mostrou um aumento do teor de terpenos, mas ainda sem efeito na vulnerabilidade aos herbívoros (Cronin G. & Hay M. E., 1996). O aumento da intensidade da luz num microcosmos ao ar livre resultou numa redução da concentração de terpenos em Dictoya, ao mesmo tempo que aumentou o crescimento e a síntese de proteínas (Cronin G. & Hay M. E., 1996). Uma intensidade luminosa elevada numa experiência de campo mostrou um aumento do crescimento mas nenhum efeito sobre os metabolitos secundários, o teor de proteínas ou a suscetibilidade aos herbívoros (Cronin G. & Hay M. E., 1996).

Os metabolitos secundários são derivados de reacções primárias e os metabolitos primários podem também ser a fonte de metabolitos secundários. O carbono, o azoto e o enxofre, bem como a energia fornecida pelas reacções primárias, são necessários para a produção de metabolitos secundários, o que demonstra uma elevada conetividade entre o metabolismo primário e secundário (Dudareva N. et al., 2012). No entanto, existe uma mudança dinâmica entre estes dois formatos, uma vez que a rotulagem dos componentes dos metabolitos secundários se encontra nos metabolitos primários, bem como no dióxido de carbono; de facto, os terpenos têm uma meia-vida que varia entre vários minutos e alguns dias (Seigler D. & Price P. W., 1976). Numa experiência, o geraniol adicionado à cultura de raízes peludas de *Anethum graveolens* levou à formação de cerca de 10 outros compostos na cultura, resultado da biotransformação (Faria J. M. S. et al., 2009).

De um modo geral, as plantas encontram-se numa espécie de compromisso entre os benefícios dos terpenos e os seus custos energéticos (Herms D. A. & Mattson W. J., 1992), embora isto não seja uma regra! A redução do crescimento das folhas é mencionada como o custo para as plantas quando estas sintetizam compostos de sinalização para solicitar predadores contra herbívoros. Por mais insignificante que seja esta redução do crescimento foliar, as suas consequências para o crescimento reprodutivo posterior serão substanciais (Dicke M. & Sabelis M. W., 1988). Num outro estudo sobre *Eucalyptus polybractea*, no entanto, foi demonstrado que a correlação entre a acumulação de metabolitos secundários (fenólicos e terpenos) era apenas positiva com a taxa de crescimento (King D. J., et al., 2004). As espécies de *Nicotina attenuata* que produzem compostos voláteis em resposta a herbívoros invasores produzem duas vezes mais botões e flores do que aquelas que não sintetizam tais compostos (Schuman M. C. et al., 2012).

3- Utilização dos terpenos na biotecnologia vegetal :

Os terpenos são importantes do ponto de vista comercial ou farmacêutico (Verpoorte R. & Alfermann A. W., 2001), mas a sua síntese química é frequentemente complexa (Daviet L. & Schalk M., 2010 ; Verpoorte R. & Alfermann A. W., 2001), dispendiosos (Daviet L. & Schalk M., 2010; Verpoorte R. & Alfermann A. W., 2001), deficientes, produzindo uma configuração quiral inadequada (Sheludko Y. V., 2010) e, por vezes, impossíveis (Verpoorte R. & Alfermann A. W., 2001), e a produção de tais compostos em meio bacteriano requer matérias-primas dispendiosas (Wu Sh. et al., 2006). De outro ponto de vista, a aplicação de agentes bióticos e abióticos em biorreactores em culturas vegetais comuns e a não exploração da biotecnologia neste domínio não parecem satisfatórias (Berlin J. & Fecker L. F., 2000); aliás, esta utilização da biotecnologia permitirá melhorar os conhecimentos no domínio dos terpenos (Bohlmann J. et al., 1998). Além disso, uma miríade de técnicas genéticas tornou possível o processo de manipulação das plantas, como o sistema de marcação por ativação do ADN Ri-T e a análise do transcriptoma, para citar apenas algumas, que são ferramentas poderosas para isolar novos genes funcionais envolvidos na biossíntese dos terpenos (Tremouillaux-Guiller J., 2013). No entanto, a manipulação e regeneração de plantas modelo para a produção de terpenóides é promissora, mas a acumulação destes compostos não é suficiente, por outro lado, o conteúdo de terpenóides em plantas especificadas para produzir um alto nível deles coloca o problema dos procedimentos de manipulação e regeneração, mas afinal, triunfos foram enfrentados por hortelã-pimenta, lavanda spike e absinto no campo da produção de terpenos (Lange B. M. & Ahkami A., 2013), e espera-se que outras plantas sejam implementadas. Foi demonstrado que a síntese química da artemisinina não é economicamente justificada e que a melhor abordagem para a produção deste composto é a engenharia das vias de produção em *Artemisia annua* (Farhi M. et al., 2013). Na indústria dos biocombustíveis, a biotecnologia pode ser utilizada como uma ferramenta para otimizar e personalizar o teor de óleo essencial das plantas-alvo (Stewart J. C. N. et al., 2010). No entanto, a complexidade da via dos terpenos e o tempo necessário para produzir plantas transgénicas estáveis são dissuasores do melhoramento de plantas para estes compostos (Daviet L. & Schalk M., 2010).

3-1- Os problemas e os conceitos devem ser tidos em conta:

Antes de avançar na exploração dos terpenos, é importante identificar os problemas e conceitos associados à engenharia de metabolitos. O baixo rendimento, a complexidade dos metabolitos celulares e as deficiências nos métodos de clonagem são alguns dos problemas associados à utilização de plantas como plataforma para a agricultura molecular (Ikram N. et al., 2015). Em profundidade, os problemas que precisam de ser resolvidos antes de fazer qualquer coisa na engenharia de metabolitos são os seguintes

(Verpoorte R. & Alfermann A. W., 2001):

- A proteína modificada deve ser mantida afastada do sistema de proteólise no interior das células (Verpoorte R. & Alfermann A. W., 2001).
- Tudo o que é necessário é dobrar corretamente a proteína enzimática (Verpoorte R. & Alfermann A. W., 2001).
- Talvez a montagem da proteína alvo seja simplesmente necessária (Verpoorte R. & Alfermann A. W., 2001).
- Se necessário, devem ser fornecidas unidades protésicas (Verpoorte R. & Alfermann A. W., 2001).
- A compartimentação (Aharoni A. et al., 2006 ; Verpoorte R. & Alfermann A. W., 2001 ; Lucker J. et al., 2007) e localização de enzimas transferidas (Maffei M. et al., 2007)

- (Aharoni A. et al., 2006 ; Dudareva N. et al., 2012) :

- Toxicidade do terpeno introduzido na planta recetora (Aharoni A. et al., 2006 ; Lucker J. et al., 2007 ; Maffei M. et al., 2007 ; Dudareva N. et al., 2012)

- Interferência do terpeno introduzido com outras vias predominantes no recetor (Aharoni A. et al., 2006; Lucker J. et al., 2007; Dudareva N. et al., 2012)

- Modificação indesejável do terpeno por certas enzimas intrínsecas (Aharoni A. et al., 2006; Lucker J. et al., 2007; Dudareva N. et al., 2012)

- Os genes envolvidos na produção de COV são principalmente modulados ao nível da expressão (Dudareva N et al., 2004).
- Os factores intrínsecos e extrínsecos na emissão de terpenos, como a luz, a temperatura e a humidade, a volatilidade dos próprios terpenos e a permeabilidade da membrana celular são todos eficazes (Maffei M. et al., 2007; Wang X. et al., 2015; Dudareva N. et al., 2004).
- Possível efeito de feedback das enzimas introduzidas (Maffei M. et al., 2007)

Os sucessos na produção manipulada de óleo essencial vieram de várias abordagens que envolvem: manipulação de blocos de genes em vias como *gds, fds* e *ggds* e enzimas limitadoras de taxa (Altman A. & Hasegawa P. M...., 2011; Ikram N. et al..., 2015; Wang X. et al.., 2015) (DXS, DXR e HDR na via MEP e HMGR na MVA são consideradas enzimas limitadoras de taxa), expressão de factores de transcrição e modificação de sequências promotoras (Altman A. & Hasegawa P. M..., 2011 ; Wang X. et al..., 2015), a construção de novas vias de bypass capazes de desviar precursores para produzir compostos desejáveis ou a eliminação de certas ramificações concorrentes, como a esqualeno sintase e a ácido giberélico sintase, mas esta última abordagem pode ter resultados indesejáveis no crescimento da planta e nos produtos finais desejados (Wu Sh. & Chappell J..., 2008; Altman A. & Hasegawa P. M., 2011); além disso, a co-expressão das terpeno sintases e a compartimentação das enzimas responsáveis pela sua síntese estão entre as mais notáveis (Daviet L. & Schalk M., 2010). Em geral, a melhoria da fotossíntese, a otimização da via biossintética dos terpenos, a melhoria das enzimas-chave e o aumento do efeito de sumidouro através do armazenamento de terpenos são importantes para manipular a produção de terpenos nas plantas (Wang X. et al., 2015).

Dado que o sistema celular é um cocktail complexo de diferentes enzimas e suas localizações (Verpoorte R. & Alfermann A. W., 2001) que são genuinamente reguladas, a manipulação deste ambiente elaborado requer um grande conhecimento, sem o qual os resultados podem não ser desejáveis. Para controlar a síntese dos metabolitos secundários nas plantas, estão em ação diferentes níveis de regulação, nomeadamente : expressão espacial e temporal apertada dos genes, regulação dos fluxos de precursores para várias enzimas a pedido, indução de genes por ferimentos, moléculas derivadas de herbívoros, elicitores patogénicos e stress oxidativo causado pelo calor, seca, inundação, luz UV ou temperaturas extremas que são mediadas pelo ácido jasmónico, ácido salicílico e seus derivados; os factores de transcrição principais também são importantes (Nascimento N. C. & Fett-Neto A. G., 2010).

3-1-1- Danos causados às células vegetais :

O sacrifício das acções primárias ou regulares é por vezes o preço a pagar para a produção de plantas modificadas para terpenos secundários. Em muitas plantas manipuladas com genes de terpenos, a transferência de genes levou a um declínio no crescimento e à clorose, o que pode ser devido ao desvio de precursores de compostos primários e aos efeitos tóxicos de certos terpenos (Daviet L. & Schalk M., 2010). Numa experiência, os tomates transgénicos produziram grandes quantidades de geraniol de manjericão, mas à custa de uma síntese reduzida de licopeno (Nagegowda D. A., 2010; Sitrit Y. et al., 2007), e a transferência de um gene de sesquiterpeno para plantas de tomate resultou novamente numa síntese de licopeno deficiente (Davidovich-Rikanati R. et al., 2008). A sobreexpressão do gene da fiteno sintase (responsável pela síntese de carotenóides) no tomateiro resultou num fenótipo anão que se deve provavelmente a uma falta de fluxo metabólico para a produção de giberelina (derivado C20 dos terpenos) e fitol (derivado C20 dos terpenos) (Lange B. M. & Croteau R., 1998). Plantas de tabaco manipuladas capazes de produzir certos monoterpenos modificados pagaram o preço de uma emissão reduzida de sesquiterpenos em fases posteriores do desenvolvimento floral (Lange B. M. & Ahkami A., 2013). Numa experiência triunfante, a transferência de taxadieno sintase (uma das primeiras enzimas na via de produção de taxol) de *Taxus baccata* para *Artemisia thaliana*, orientada para o plastídeo, resultou na acumulação deste precursor nas plantas; embora a transferência desta enzima ligada a uma His-tag de comprimento total tenha resultado num crescimento atrofiado da planta e na diminuição dos níveis de conteúdo de pigmentos (Sheludko Y. V., 2010). A sobreexpressão *da dxr* na hortelã-pimenta resultou num crescimento atrofiado. Da mesma forma, em tomate e *Arabidopsis thaliana*, a expressão heteróloga de taxadieno sintase, linalol/nerolidol sintase, fitona sintase ou geraniol sintase teve um efeito negativo na síntese de metabolitos primários (Ikram N. et al., 2015). Um estudo sobre o milho transformado para a síntese de (E)-beta-cariofileno e alfa-humuleno mostrou efeitos negativos na germinação das sementes, no crescimento das plantas e no rendimento, que superaram o seu benefício como repelentes de herbívoros nas raízes. As duas explicações para esses eventos são o esgotamento dos precursores que tiveram que ser usados pelas reações primárias e seu efeito tóxico nas células vegetais (Ikram N. et al., 2015). Arabidopsis manipulada com (E)-beta-farneseno sintase produziu tal emissão de terpenos, mas concomitantemente com a diminuição da volatilização de beta-cariofileno endógeno, embora a colonização de pulgões tenha sido reduzida (Lange B. M. & Ahkami A., 2013). A lavandina *(Lavandula * intermedia)* transgénica com limoneno sintase da alfazema *(L. angustifolia)* resultou em nanismo, uma vez que o limoneno esgota o precursor monoterpeno GDP e, consequentemente, não haverá suficiente deste precursor para produzir giberelina, cuja escassez resultou neste nanismo (Tsuro M. & Asada S., 2014), 2014). O gene *txs* (gene ativo na via do taxol) direcionado para o plastídeo de Arabidopsis resultou numa baixa produção do produto deste gene [taxa-4(5), 11(12)-dieno], bem como numa baixa produção de carotenóides e clorofila (o precursor de todos estes é o GGDP); este resultado foi postulado porque deve haver algum tipo de mecanismo regulador latente para levar a tal resultado (Lange B. M. & Ahkami A., 2013).

As plantas tentam escapar ao efeito tóxico da (sobre)produção de certos terpenos. O gene do linalol/nerolidol foi transferido transitoriamente para plantas de tabaco sob o controlo de diferentes promotores, com a expressão do linalol a apresentar o mesmo padrão sob o controlo de todos os promotores. A expressão do linalol mostrou o mesmo padrão sob o controlo de todos os promotores. Mas no dia 4 após a inoculação, a expressão foi maior do que no dia 8. A quantidade de linalol diminuiu no dia 8 com uma taxa diferente sob o controlo de diferentes promotores e, inversamente, os conjugados de linalol aumentaram no dia 8. O efeito parece estar relacionado com a degradação do ADN-T ou com a modificação de proteínas. Além disso, as plantas tentam escapar ao efeito tóxico do linalol conjugando-o com determinados compostos e transferindo-o para outras partes do corpo da planta (Juneidi S. et al., 2014).

3-1-2- Produção de terpenos indesejáveis :

A qualidade dos genes da terpeno-sintase é tal que podem sintetizar diferentes compostos a partir do mesmo precursor (Dudareva N et al., 2004), tendo em conta que o metabolismo silencioso pode levar ao aparecimento de certos compostos terpénicos ausentes do teor de óleo essencial, o que resulta da ativação do seu gene no genoma da planta, que por sua vez resulta do efeito da transferência genética. As sintases gama-selineno e gama-humuleno do abeto produzem respetivamente 34 e 52 sesquiterpenos diferentes, enquanto uma terceira sintase desta planta produz apenas (E)-alfa-bisaboleno (Bohlmann J. et al., 1998). Na Arabidopsis, dois genes da terpeno sintase são responsáveis pela produção de quase todos os 20 sesquiterpenos encontrados nos voláteis da flor (Dudareva N. et al., 2012). Numa experiência, após a manipulação de plantas de tomate com síntese de geraniol no manjericão, além do geraniol, foram produzidos outros terpenos que não tinham vestígios nas plantas de controlo. Por outras palavras, eram simplesmente silenciosos no tomateiro até à introdução do gene do manjericão. Uma experiência com o tabaco também comprovou esta hipótese (Nagegowda D. A., 2010). Num estudo, depois de manipular *a Arabidopsis thaliana* com superexpressão *de offs*, foi observado o surgimento de novos sesquiterpenos (Bhatia V. et al., 2015). Numa experiência, os investigadores transferiram um gene de sesquiterpeno sintase (alfa-Zingibereno sintase) do manjericão-limão *(Ocimum basilicum L.)* para plantas de tomate, o que levou à deteção de certos sesquiterpenos e mesmo monoterpenos no fruto que não foram detectados, mesmo em quantidades vestigiais, em plantas de controlo (Davidovich-Rikanati R. et al., 2008). Numa outra experiência, a transferência do gene da (_)-limoneno sintase para a alfazema em espiga resultou num aumento da síntese deste composto, que era raro nas plantas de controlo, mas também levou a alterações radicais nos níveis de outros monoterpenos (Lange B. M. & Ahkami A., 2013). A manipulação de *Eucalyptus camaldulensis* com o gene da limoneno sintase resultou na produção de dois outros monoterpenos, 1,8-cineol e alfa-pineno, para além do próprio limoneno (Ohara K. et al., 2009). A análise do genoma de algumas espécies de morango mostrou que algumas delas, apesar de não possuírem *fanesl* (Nerolidol sintase), responsável pela síntese do linalol (um dos principais compostos envolvidos no sabor do morango), ainda produziam este composto, o que pode sugerir o importante papel do linalol na biologia, e não apenas na determinação do sabor (Chambers A. et al., 2012).

As alterações indesejáveis nos terpenóides modificados, como a glicosilação, a oxidação ou a redução em organismos manipulados, dependem de factores como o tipo de organismo, o tipo de órgão a que se destina o metabolito e a estrutura química do composto cuja produção é de interesse (Lange B. M. & Ahkami A., 2013). As formas glicoconjugadas de monoterpenos têm atraído a atenção desde que foram detetadas pela primeira vez na década de 1960. Estes compostos são uma reserva importante de precursores de sabor e podem atuar como produtos químicos de defesa ou de atração pré-formados e inactivados e, devido à sua libertação lenta de produtos químicos de sabor, são importantes em áreas como as indústrias alimentar, de rações, química, cosmética e farmacêutica (Schwab W. et al., 2015). Como muitos produtos naturais se acumulam sob a forma de glicosídeos, os cientistas transferiram o gene da beta-glicosidase *de Aspergillus niger* para o RE (retículo endoplasmático) e para plantas de tabaco direcionadas para a parede celular, o que resultou num aumento da emissão do diterpeno cembreno e do trans-cariofileno, respetivamente; embora o direcionamento deste gene para o citosol e o plastídio das plantas não tenha resultado em qualquer alteração na emissão de substâncias voláteis. Este achado pode aludir ao uso destes genes para aumentar a emissão de terpenos em relações como a comunicação planta-planta, planta-micróbio e planta-inseto, resultando no aumento da resistência a doenças (Lange B. M. & Ahkami A., 2013). Numa experiência, os cientistas tentaram conferir resistência a doenças através da transferência do gene da geraniol sintase para o milho, mas o resultado esperado não foi reportado e a razão foi mencionada como estando relacionada com a síntese de um derivado deste monoterpeno e não com a produção de ácido gerânico propriamente dito (Lange B. M. & Ahkami A., 2013). Numa tentativa de produzir o precursor da artemisinina, o ácido artemisínico, em *Nicotiana benthamiana*, quatro genes, incluindo *ads* (o primeiro gene envolvido na produção de artemisinina), *hmgr, fds* e *cyp71av1*, foram transferidos para as plantas, mas o resultado foi ácido artemisínico-12-beta-diglucósido em vez do ácido artemisínico esperado, o que implica uma modificação do produto desejável por certas enzimas endógenas nestas plantas (Ikram N. et al., 2015; Van Herpen T. et al, 2010).

3-1-3- Tratamento rigoroso dos terpenos vegetais :

A reserva de precursores de terpenóides está fortemente regulada nas plantas e essa regulação varia de planta para planta. Com algum grau de certeza, a abordagem mais óbvia para aumentar o rendimento da produção de óleo essencial nas plantas é aumentar a disponibilidade de precursores biossintéticos de terpenos (Lange B. M. & Ahkami A., 2013). A manipulação de *Arabidopsis th.ahana* com germacreno A sob o controlo do promotor do vírus do mosaico da couve-flor (CMV 35S) direcionado para o citosol resultou na produção de vestígios destes terpenos em plantas transgénicas, apontando para uma regulação rigorosa do precursor FPP no citosol (Lange B. M. & Ahkami A., 2013). Sugere-se que, na alfazema em espiga, ocorre uma espécie de compensação de precursores entre as vias MEP e MVA, na qual a via MVA supre a falta de precursor para a via MEP (Lange B. M. & Ahkami A., 2013). Numa experiência, as plantas de crisântemo manipuladas com linalol/nerolidol sintase foram mais atraentes para *Frankliniella occidentalis* do que as plantas de controlo, no entanto, após várias horas, esta preferência por esta praga foi desviada para as plantas de controlo, Pensa-se que este acontecimento está ligado à produção de certos compostos não voláteis, para além do linalol que atrai esta praga, compostos como a malonil-hexose do linalol, a pentose-hexose do linalol e um glicosídeo do hidroxil-linalol que não são preferidos por esta praga. Sugere-se que as plantas podem equilibrar a sua fragrância com um sabor desagradável utilizando o mesmo composto precursor (Yang T. et al., 2013), por outras palavras, existe algum tipo de regulação apertada na utilização de precursores para diferentes fins. A superexpressão *de hmgr* em tabaco e Arabidopsis não resultou em nenhuma mudança na produção de sesquiterpenos, sugerindo que esses compostos se originam de PPI importados do plastídeo; na camomila, alguns sesquiterpenos se originam da via MEP, e em outras plantas, alguns sesquiterpenos são relatados como originários da via MEP (Iigima et al., 2004). Foi demonstrado que a síntese do linalol ou dos seus derivados glicosídicos está mais ligada ao fornecimento de precursores (GDP) do que à expressão deste gene, que resulta da transferência deste gene sob o controlo do promotor CMV 35S em petúnia W115 (Dudareva N et al., 2004). Quando três genes da monoterpeno sintase foram transferidos para o tabaco, houve uma espécie de competição pelo precursor entre estas enzimas nas folhas, enquanto nas flores não houve limitação do pool de precursores (Dudareva N et al., 2004).

Em geral, as vias de síntese dos terpenóides são complexas e, no seu processo de engenharia, há que ter em conta que diferentes misturas destes compostos podem ter um efeito absolutamente oposto na repulsão ou atração de organismos (Lange B. M. & Ahkami A., 2013). Os terpenos actuam como um grupo em cooperação com outros compostos dentro das plantas para servir estes organismos, e a sua concentração é importante para o seu papel nas plantas (Webb H et al., 2014). No geral, os terpenos por vezes confundem os cientistas com as suas respostas. Foi relatada a transferência de um único gene de metabolito secundário que resultou numa alteração do perfil do conteúdo de metabolitos secundários de algumas plantas, e a modificação de enzimas iniciais em vias de metabolitos secundários que resultou no desvio do fluxo de metabolitos (Verpoorte R. & Alfermann A. W., 2001). O beta-cariofileno tem efeitos diferentes, dependendo do contexto ambiental, que vão desde a atividade antimicrobiana nas flores, reduzindo o crescimento bacteriano, até à atração de nemátodos nas raízes, que estão envolvidos na interação tritrófica (Dudareva N. et al., 2012). Numa experiência, a transferência de certos genes responsáveis pela produção de artemisinina de *Artemisia annua* para o tabaco resultou na produção de certos intermediários deste sesquiterpeno, mas não da própria artemisinina, pelo que os autores aludiram ao ambiente desfavorável da célula para a síntese comercial de ácidos sesquiterpenóides (Y ansheng Zh. et al., 2011). Numa experiência, nem os abetos resistentes nem os susceptíveis (*Picea stichensis Bong. Carr.*) apresentaram um aumento significativo da acumulação de determinados transcritos da mono e sesquiterpeno sintase em resposta ao gorgulho do pinheiro branco *(Pissodes strobe Peck.)*, embora 16 dias após o ferimento, as árvores resistentes tenham apresentado um aumento dos transcritos dos mono e sesquiterpenos testados (Byun-McKay A. et al., 2006). Noutro relatório, a sobreexpressão constitutiva da (_)-limoneno sintase em plantas de hortelã-pimenta não resultou em alterações no rendimento do óleo e na composição de monoterpenos em comparação com plantas de controlo, embora tenham sido medidos transcritos elevados, concentração de proteínas e atividade enzimática. No entanto, em outro relatório, essa transferência de genes não resultou em nenhuma mudança no nível de (_)-limoneno, mas uma grande variação na concentração de outros monoterpenos e um aumento (até 200%) no teor de óleo em algumas linhas foram observados (Lange B. M. & Ahkami A., 2013). Em outro experimento, o gene da (_)-limoneno sintase foi transferido para *Eucalyptus camaldulensis Dehmh.* Esta transferência resultou numa elevada acumulação deste terpeno no citosol e não no plastídeo! (Ainda não havia correlação entre a acumulação de limoneno e os níveis de transcrição, e ainda é surpreendente que outros monoterpenos (1,8-cineol e alfa-pineno), que são sintetizados independentemente por suas enzimas específicas, também foram acumulados (Lange B. M. & Ahkami A., 2013). A superexpressão de limoneno em folhas de lavandim *(Lavandula *intermedia)* resultou não apenas na produção de limoneno, mas também em um aumento no teor total de óleo essencial, mas nenhuma alteração na fragrância foi observada. Y et, a deleção deste gene no florete resultou não só numa diminuição dramática do limoneno, mas também numa diminuição de alguns outros monoterpenos, como o linalol e o acetato de linalilo (Tsuro M. & Asada S., 2014). A sobreexpressão *de offds* é acompanhada pelo silenciamento de genes usando a técnica de iRNA que tem como alvo a 5-epi-aristolochene synthase (EAS) e a squalene synthase (SQS), mas não foi observado aumento de (+)-valenceno e o nível de farnesol que resulta da decomposição de FPP aumentou, neste caso o pool de FPP não é um fator limitante para a produção de (+)-valenceno (Canker K. et al., 2014). A transformação de alface com Amorpha-4,11-diene synthase de *Artemisia annua* não detectou o teor de artemisinina (Cho D. W. et al., 2005). A transferência de um gene de sesquiterpeno sintase para o tomate resultou na produção de certos monoterpenos no citosol (Davidovich-Rikanati R. et al., 2008)! No *Lithospermum erythrorhizon*, o GPS encontra-se no citosol e no arroz e no tomate selvagem, o SPF encontra-se tanto no cloroplasto como no citosol (Ikram N. et al., 2015). Nas flores de snapdragon, os sesquiterpenos citosólicos são derivados de precursores plastidiais, enquanto na folha e na raiz da cenoura, ambas as vias estão envolvidas na síntese de sesquiterpenos (dependendo da espécie e do órgão) (Dudareva N. et al., 2012). A superexpressão direcionada do linalol nas mitocôndrias de vários ecótipos de Arabidopsis *thaliana* foi avaliada em sua resposta aos pulgões, e diferentes respostas foram obtidas (Dudareva N. et al., 2012).

3-1-4- Abordagens da engenharia dos terpenos nas plantas :

O tipo de promotor escolhido é importante. Observou-se que diferentes variedades de *Artemisia annua* com baixos ou altos rendimentos de produção de artemisinina são predominantemente diferentes na sua região promotora do gene *dbr2* (uma enzima chave na produção destes terpenos) (Ikram N. et al., 2015). A transformação de *Arabidopsis thaliana* com linalol/nerolidol sintase sob o controlo do promotor p12 da batata, induzível por feridas e orientado para o plastídeo, não resultou em atraso de crescimento, em contraste com o que foi observado para genes controlados por promotores constitutivos (Lange B. M. & Ahkami A., 2013). O uso de um promotor induzível para o gene *txs* direcionado ao plastídeo de Arabidopsis resultou em maior produção de genes em comparação com promotores constitutivos (Lange B. M. & Ahkami A., 2013). No geral, a manipulação de algumas plantas com um promotor induzível resultou num nível 30 vezes mais elevado de produção de taxadieno do que as plantas que expressam um gene constitutivo (Sheludko Y. V., 2010). O sucesso da manipulação de plantas ornamentais aromáticas foi atribuído à utilização de promotores florais específicos (Dudareva N. & Pichersky E., 2006). Além disso, foi demonstrado que o efeito de um promotor constitutivo num tecido em que a expressão do gene alvo endógeno é forte será supressivo (Tsuro M. & Asada S., 2014).

A variação da expressão dos genes nas plantas pode resultar do efeito condicional de um gene localizado num cromossoma, da inibição transcricional e pós-transcricional dos genes, bem como do rearranjo, nomeadamente em resultado do bombardeamento com partículas. Outra preocupação no processo de transferência de genes para plantas é a estabilidade do gene introduzido e a sua transmissão para a geração seguinte (Verpoorte R. & Alfermann A. W., 2001). Apesar dos problemas e fracassos associados à expressão génica, foram registados alguns sucessos.

Como mencionado, a manipulação de algumas das enzimas limitadoras da taxa da via MEP será gratificante, embora esse resultado não seja conclusivo para todas as espécies (Moses T. et al., 2013; Gounaris Y., 2010).

A sobreexpressão *de dxs* (a primeira enzima na via MEP) não resultou num aumento significativo da produção de voláteis de hortelã-pimenta, o que pode ser explicado pelo facto de esta enzima também estar ativa noutras vias (Lange B. M. & Ahkami A., 2013). Em contraste com *dxs*, cujo produto é compartilhado por outras vias, em outra tentativa bem-sucedida, a superexpressão da segunda enzima na via MEP (*dxr*), que é a etapa comprometida nesta via, um alto nível de rendimento de óleo (40, até 44% e 50, em diferentes experimentos) foi observado em hortelã-pimenta, o resultado sugerindo um alto nível de fornecimento de PIB (Lange B. M. & Ahkami A., 2013; Ikram N. et al., 2015; Dudareva N et al., 2004). A sobreexpressão de *dxr* e *dxs* quando acompanhada separadamente por *txs* sob o controlo do CMV 35S resultou num aumento da produção do produto *txs* em comparação com a exploração do gene *txs* sozinho sob o controlo do promotor CMV 35S (Lange B. M. & Ahkami A., 2013). Foi relatada uma análise in silico do gene dxs em uvas, cuja colocalização com um locus QTL foi relatada como afetando o conteúdo de monoterpenos em uvas (Battilana J. et al., 2009). A transformação de *Ginkgo biloba* com o gene *hdr* resultou numa maior expressão deste gene do que nas plantas de controlo, e o teor de ginkgolide (um tipo de diterpenóide) numa linha foi 2,5 vezes superior ao das plantas de controlo (Wen Zh. et al., 2008). Na cultura de raízes peludas *de Salvia sclarea*, a sobreexpressão *de dxr* e *dxs* resultou numa acumulação de diterpenos (Ikram N. et al., 2015). A superexpressão de Arabidopsis *dxs* em lavanda spike *(Lavandula Itifolia)* resultou em uma síntese absolutamente alta do óleo essencial desta planta (até 359% de aumento nas folhas e até 74% de aumento nas flores), novamente sem efeito negativo na mistura de óleo essencial (Lange B. M. & Ahkami A., 2013; Ikram N. et al., 2015). Dois genes dxr foram isolados em soja, um dos quais respondeu ao stress térmico enquanto o outro foi indiferente. A sobreexpressão deste gene levou a um aumento da produção de certos terpenos (clorofila, carotenóides e giberelina), mas a uma redução da produção de ABA; este resultado revela que este gene exerce uma espécie de controlo sobre a expressão diferencial de terpenóides através da via MEP (Zhang M. et al., 2012).

A enzima limitadora de MVA, HMGR, é, de certa forma, um elemento-chave na engenharia de terpenos (Moses T. et al., 2013). A transferência de HMG- coA redutase de *Catharanthus roseus L.* para *Artemisia annua L. resultou*, em diferentes experiências, num aumento de 38,9% e 22,5% no teor de artemisinina em comparação com plantas de controlo (Nafis T. et al., 2010; Lange B. M. & Ahkami A., 2013). A sobreexpressão *de hmgr* e *ads* (Amorpha 4,11-diene synthase) em *Artemisia annua* sob o controlo de um promotor constitutivo resultou num aumento de 7,7 vezes no teor de artemisinina em espécies com um teor de artemisinina de apenas 0,02% do peso seco (Lange B. M. & Ahkami A., 2013). A manipulação da lavanda spike *(Lavandula latifolia)* com o domínio catalítico do gene *hmgr* resultou num aumento de 2 vezes no óleo essencial constituído por monoterpenos e sesquiterpenos nesta planta, no entanto, os carotenóides e a clorofila não foram incluídos neste aumento, mas curiosamente esta transformação foi transferida para a geração seguinte (Lange B. M. & Ahkami A., 2013; Munoz-Bertomeu J. et al., 2007). A superexpressão de um *hmgr* truncado sem um domínio regulador em espuma ou levedura resultou no aumento do conteúdo de patchoulol em espuma (Ikram N. et al., 2015).

O gene *fds* do algodão expresso em espécies de *Artemisia annua* com baixo teor de artemisinina (0,3% do peso seco) resultou num aumento de duas a três vezes no teor de artemisinina, enquanto em espécies com maior teor de artemisinina (0,65% do peso seco), o teor de artemisinina aumentou 34% (Lange B. M. & Ahkami A., 2013). Noutro ensaio, a sobreexpressão *de fds* em *Artemisia annua* resultou num aumento de três vezes no teor de artemisinina (Ikram N. et al., 2015). A sobreexpressão de *fds* no citosol e no cloroplasto de Arabidopsis resultou na produção de novos terpenos, incluindo E-beta-farneseno, que é uma feromona de alarme para pulgões (Bhatia V. et al., 2015). Afinal, o FPP é mencionado como um fator de transcrição para genes a montante da via do mevalonato (Wang Y. et al., 2011). Na hortelã-pimenta transgénica portadora de uma isoforma nativa (plastidial) superexpressa de *idi* (isomerase de isopentenil difosfato), foi observado um aumento no óleo essencial de até 26% sem variação significativa no perfil de monoterpenos em comparação com as plantas de controlo; enquanto a superexpressão do gene *gds* na hortelã-pimenta resultou num aumento de 18% no teor de óleo, mas com uma composição de óleo favorável (Lange B. M. & Ahkami A., 2013); foi relatado que o *gene gds* tem regulação de feedback (Dudareva N et al., 2004). Além disso, a expressão dos genes *tps* (terpeno sintase), que são enzimas instantâneas na produção de terpenos, é inevitavelmente eficiente na produção de terpenos (Cheng A. X. et al., 2007).

Por vezes, o bloqueio de ramos concorrentes nas vias de produção de terpenos através da alteração de transcrições de genes é prometedor. Esta técnica foi utilizada para diminuir o nível de síntese de limoneno na laranja, resultando em menos ataques de fungos ou bactérias em comparação com as plantas de controlo; além disso, as moscas da fruta foram menos atraídas para estes frutos manipulados (Lange B. M. & Ahkami A., 2013). (+)- Mentofurano e (+)- Pulegona são dois compostos indesejáveis no óleo de hortelã-pimenta utilizado na indústria (mas importantes na resposta ao stress das plantas). Numa experiência, a redução da quantidade do primeiro composto utilizando uma técnica antisense levou a uma redução concomitante da quantidade do segundo. Uma avaliação mais aprofundada revelou que o primeiro composto é uma espécie de inibidor fraco da enzima (+)-pulegona redutase, cuja atividade consiste em converter este composto nas desejáveis (--)-mentona e (+)-isomentona. No entanto, as plantas manipuladas com o antisense (+)-mentofurano sintetizaram até 35% mais óleo essencial do que as plantas de tipo selvagem (Lange B. M. & Ahkami A., 2013). Numa experiência, a produção de (+)-valenceno foi aumentada 2,8 vezes em *Nicotiana benthamiana* utilizando a técnica de RNAi para silenciar EAS e SQS, duas enzimas que competem com esta produção de terpenos utilizando FPP como precursor (Canker K. et al., 2014). Noutra experiência, utilizando a técnica de RNAi para diminuir as transcrições da esqualeno sintase, um competidor da via de produção de artemisinina, foi observado um aumento de mais de 3 vezes na produção de artemisinina em plantas *de Artemisia annua*. Nestas plantas, apesar de uma diminuição considerável do teor de esteróis (devido à atividade deficiente da esqualeno sintase), o seu desempenho de crescimento foi o mesmo que o das plantas de tipo selvagem (Lange B. M. & Ahkami A., 2013). A deleção antisense da beta-caryophyllene synthase, que é um competidor sesquiterpeno para a síntese de artemisinina, resultou em um aumento de 55% no conteúdo de artemisinina em *Artemisia annua* (Lange B. M. & Ahkami A., 2013).

A compartimentação na engenharia de terpenos de plantas pode alterar o nível e a composição da produção de terpenóides (Bouwmeester H. J., 2006), com o efeito a diferir de espécie para espécie. Em uma tentativa, a transformação de *Arabidopsis thaliana* com linalol/nerolidol sintase direcionada à mitocôndria resultou na produção de nerodilol, um sesquiterpeno, mas não houve formação de linalol, um monoterpeno (Lange B. M. & Ahkami A., 2013). A hipótese é que, devido à maior plasticidade do pool de FPP nas mitocôndrias de Arabidopsis, o acúmulo de genes manipulados da sesquiterpeno sintase nessa organela é maior do que no citosol, onde a regulação desse precursor é mais rigorosa (Lange B. M. & Ahkami A., 2013). Numa experiência, ao transferir um gene da sesquiterpeno sintase para a mitocôndria de *Arabidopsis thaliana*, os investigadores conseguiram fazer com que as plantas produzissem dois novos isoprenóides, que estavam ausentes nas plantas de controlo (Kappers I. F. et al., 2005). Todos os seis genes activos na via MVA foram transferidos com sucesso do citosol para os plastídeos das plantas de tabaco, resultando numa maior acumulação de mevalonato, carotenóides, esqualeno, esterol e triacilglicerol do que nas plantas de controlo (Kumar Sh. et al., 2012). Noutra experiência, a transferência do gene da patchoulol sintase para o citosol do tabaco resultou na produção de uma quantidade ínfima deste sesquiterpeno, enquanto a transferência deste gene para o plastídeo resultou numa maior síntese deste sesquiterpeno. Além disso, a maior parte desta produção era volátil e repelia os vermes do tabaco que se alimentavam das folhas (Lange B. M. & Ahkami A., 2013). Além disso, em outro experimento sobre a produção de patchoulol no tabaco, foi demonstrado que, para a produção de sesquiterpenóides, direcioná-los para o plastídeo versus o citosol aumentará o conteúdo em 40000 vezes (Ikram N. et al., 2015). Foi relatada pouca troca de precursores entre o citosol e os plastídeos das plantas de tabaco. No entanto, numa abordagem de reorientação relativa ao sequestro de certos genes da terpeno sintase, foi observada uma acumulação de patchoulol e amorfa-4,11-dieno até 1000 vezes e de monoterpeno limoneno entre 10 e 30 vezes (Wu Sh. et al., 2006). Numa tentativa, a transferência da limoneno sintase para os plastídeos do tabaco resultou numa baixa produção deste terpeno (0,0000143% da biomassa numa base de peso fresco), enquanto que a orientação da enzima para o citosol resultou numa síntese de limoneno ainda mais baixa (0,000004% da biomassa numa base de peso fresco), mas a orientação da enzima para o retículo endoplasmático resultou na inativação desta enzima (Lange B. M. & Ahkami A., 2013). Numa experiência triunfante, *o Eucalyptus camaldulensis* foi manipulado para expressar o gene da limoneno sintase *de Perilla frutescens* no citosol ou no plastídeo, o resultado mostrou um aumento no conteúdo de terpenos de 2,6 e 4,5 nestes respectivos locais em comparação com plantas de tipo selvagem (Ohara K. et al., 2009). Além disso, foi demonstrado que em culturas de células vegetais, para a produção de isoprenoides, a via MVA é mais ativa do que a via MEP, o que se deve a plastídeos menos evoluídos (Nosov A. et al., 2014).

Os factores de transcrição e os transportadores de terpenos atraíram recentemente a atenção dos cientistas (Jaiwal P. et al., 2007; Zhang L. et al., 2012). A sobreexpressão de factores de transcrição para os promotores *ads* e *cyp71av1* resultou num aumento de 60% do teor de artemisinina em *Artemisia annua* (Lange B. M. & Ahkami A., 2013). O fator de transcrição PtMYB14 é mencionado como um regulador putativo de uma resposta orientada para isoprenoides que resulta na acumulação de sesquiterpenos em coníferas em resposta a ferimentos e tratamento com ácido jasmónico (Bedon F. et al., 2010).

Por vezes, dependendo do caso, uma combinação de abordagens compensa. Numa tentativa bem sucedida, os cientistas manipularam a hortelã-pimenta com um antisense para o (+)-mentofurano e a sobreexpressão do gene dxr. O resultado foi uma planta com um teor de óleo até 78% superior e uma composição de óleo favorável (baixos níveis de (+)-mentofurano e (+)-pulegona e altos níveis de (_)-mentona e (_)-mentol) (Lange B. M. & Ahkami A., 2013). Com a co-expressão dos genes *ads* e *fps* direcionados para o plastídeo do tabaco, uma acumulação de 5000 vezes de amorfa-4,11-dieno (o produto de *ads*) em comparação com plantas de tipo selvagem acaba de ser relatada (Lange B. M. & Ahkami A., 2013; Ikram N. et al., 2015). A superexpressão *de offds, cpr* e citocromo p450 redutase em *Artemisia annua* resultou em um aumento de 3,6 vezes no conteúdo de artemisinina (Chen Y. et al., 2012). A coexpressão dos genes *hmgr* e *fps* resultou num aumento do teor de artemisinina em *Artemisia annuaL.* No entanto, o nível de produção deste terpeno não foi tão satisfatório como esperado. No entanto, a sobreexpressão dos genes mencionados não significa necessariamente um aumento do teor de artemisinina, uma vez que não são específicos para a síntese deste terpeno. Outro problema mencionado é a utilização do CMV 35S, cujo efeito de expressão no metabolismo normal não é conhecido (Wang Y. et al., 2011). *A Artemisia annua* que expressa *dxr*, *cyp71av1* e POR (enzimas relacionadas com a síntese de artemisinina) apresentou um aumento do teor de artemisinina em comparação com os tipos selvagens (Ikram N. et al., 2015). O conteúdo de patchoulol foi aumentado com sucesso em *Artemisia annua L.* manipulada usando *pts* (Patchoulol synthase) e interferência de RNA *ads* (Tang K. X. et al., 2013). Foi relatado que a superexpressão *de dxs*, *dxr* e *hmgr* levou a um alto nível de acumulação de terpenos na folhagem da árvore do chá medicinal *Melaleuca alternifolia* (Webb H. et al., 2011).

3-1-5- Plataformas de produção de terpenos :

Certas plataformas específicas são favorecidas para a produção de terpenos. A extração de óleos essenciais das folhas de plantas modificadas é a mais económica e menos trabalhosa em comparação com outros órgãos, como a casca e a madeira, razão pela qual a engenharia foliar é favorecida, particularmente em plantas com uma biomassa elevada. A engenharia de tricomas (uma estrutura específica para a produção e armazenamento de compostos voláteis e hidrofóbicos na folha), a exploração de promotores específicos para esta secção das plantas e as proteínas reguladoras envolvidas na formação de tricomas são favorecidas para a produção de terpenos de alto nível (Daviet L. & Schalk M., 2010; Lange B. M. & Ahkami A., 2013; Zhang L. et al., 2012). Foi relatado que, ao fundir certos promotores específicos de tricomas com certos genes de síntese de terpenos, é possível produzir tomates modificados resistentes a moscas brancas e ácaros (Glas J. J. et al., 2012). Foi levantada a hipótese de que níveis elevados de certos transcritos de genes estão ligados ao início da formação de tricomas glandulares, resultando em níveis elevados de óleo essencial ( ). Ainda não foi comunicada qualquer relação direta entre a expressão dos genes transferidos e o rendimento em óleo (Lange B. M. & Ahkami A., 2013). A sobreexpressão de um alfa-copaeno específico de tubérculos de batata resultou numa acumulação até 15 vezes maior deste sesquiterpeno em comparação com os controlos, mas não foi detectada qualquer alteração no sabor e no aroma destes tubérculos (Morris W. et al., 2011). Além disso, foi relatado que o cultivo de raízes peludas *infectadas com Agrobacterium rhizogenes* (Tremouillaux-Guiller J., 2013) e o musgo *Physcomitrellapatens*, que pode ser ampliado num bioreactor e geneticamente modificado por recombinação homóloga, oferecem excelentes plataformas para a produção de terpenóides, além disso, este musgo tem um perfil simples de terpenóides que fornece um fundo limpo de terpenóides. A produção de taxadieno neste musgo não apresentou alterações fenotípicas indesejáveis e é considerada um meio promissor para a produção de paclitaxel (Ikram N. et al., 2015).

3-2- Florescimento através da utilização de terpenos :

As vantagens da engenharia dos terpenos são tanto os benefícios que ela proporciona em si mesma, por exemplo, a biossíntese de terpenos importantes do ponto de vista médico ou outro, quer sejam novos (Lange B. M. & Ahkami A., 2013) ou já existentes, ou o florescimento das plantas graças aos seus efeitos primários ou secundários; e a importância desta engenharia no estudo dos diferentes mecanismos de regulação e de biossíntese destes compostos (Aharoni A. et al., 2006; Daviet L. & Schalk M., 2010; Lucker J. et al., 2007). Numa experiência, os cientistas manipularam tabaco *(Nicotiana tabacum)* com três monoterpenos sintases de limão *(Citrus limon L. Burm. F.)*, resultando num aumento e modificação do conteúdo de terpenóides das plantas alvo (Lucker J. et al., 2004). A manipulação da hortelã-pimenta relativamente ao teor de monoterpenos resultou num aumento do rendimento e numa melhor composição (Mahmoud S. S. & Croteau R. B., 2002). A introdução de amorfa-4,11-dieno de *Artemisia annua* em *Nicotiana tabacum L.* resultou numa acumulação deste composto de até 1,7 ng por g de peso fresco (Wallaart T. E. et al., 2001). O gene do beta-linalol transferido de *Actinidia eriantha* e *A. polygama* para *Nicotiana benthamiana* resultou numa produção significativa deste terpeno nas folhas de tabaco (Wang T. & Gleave A. P., 2012). O gene *txs de Taxus baccata* foi expresso em *Arabidopsis thaliana* e tomate amarelo, resultando na produção de taxadieno nessas plantas (Ikram N. et al., 2015). Ao desviar o fluxo de carbono para a via de síntese de monoterpenos, os cientistas conseguiram aumentar o teor total de óleo da hortelã. Noutro triunfo, os cientistas alteraram a direção do metabolito na via do mentol, resultando na produção de um óleo essencial economicamente mais valioso na hortelã (Daviet L. & Schalk M., 2010).

A transformação de plantas por genes de terpenos pode alterar as suas interações com outros organismos. Foi demonstrado que os odores florais na maioria das culturas estão em quantidades sub-óptimas para atrair polinizadores, o que pode ser resolvido através da produção de flores mais perfumadas (Dudareva N. et al., 2012). As flores de tomateiro em estufa emitem principalmente quatro monoterpenos (beta-phellandrene, alfa-pinene, p-cymene e (+)-2-carene) que são induzidos por herbívoros e tóxicos, e levaram a um declínio na atração de abelhas que são os polinizadores desta planta (Dudareva N. et al., 2012). Num estudo, as abelhas melíferas eram indiferentes aos principais compostos odoríferos da alfafa, mas eram sensíveis a alguns deles, como o linalol (Dudareva N. et al., 2012). Numa avaliação, o Bt. (Bacillus thuringiensis), devido à emissão de certos compostos, incluindo um terpeno observado, que se deveu à transformação por esta bactéria, atraiu mais abelhas polinizadoras do que as plantas de tipo selvagem; no entanto, o tamanho das flores e o tamanho total das plantas de tipo selvagem eram maiores do que os das plantas manipuladas (Dudareva N. et al., 2012). O odor das flores de rosas que sobre-expressam o fator de transcrição PAP1 da Arabidopsis foi facilmente distinguido pelas abelhas (Dudareva N. et al., 2012). Num estudo, a regulação negativa do limoneno nos citrinos levou a uma mudança na interação entre plantas cítricas, insectos e microrganismos relacionados com estas plantas (Rodriguez A., et al., 2011).

A possibilidade de transferir ou modificar o perfil dos terpenos voláteis nas plantas permitir-lhes-á provavelmente proteger-se contra as ameaças dos stresses abióticos e dos herbívoros, solicitando a ajuda de predadores e parasitas, atenuando o efeito destes compostos e tornando as plantas menos atractivas ou mesmo tóxicas para estes invasores, sem alterar os outros modos de defesa das plantas (Dudareva N. & Pichersky E., 2008; Degenhardt J. et al., 2003). Algumas abordagens estão bem documentadas como exemplos possíveis de melhoria da resistência ao escaravelho da casca e ao seu fungo simbiótico em *Abies grandis*, nomeadamente: em primeiro lugar, eliminar quimicamente o hospedeiro, em segundo lugar, equipar a planta com uma toxina e modificar o nível de precursores de feromonas e de atractivos para os predadores ou, em terceiro lugar, aplicar substâncias semelhantes a hormonas para perturbar as fases de desenvolvimento do inseto (Phillips M. A., 1999). Os arandos domesticados de elevado rendimento emitem menos sesquiterpenos induzidos por herbívoros do que os seus antepassados selvagens de baixo rendimento (Dudareva N. et al., 2012), um problema que pode ser resolvido através da engenharia de terpenos. Um aspeto importante sobre a melhoria do sistema de defesa das plantas é que, uma vez que a defesa baseada nos voláteis das plantas é específica da espécie, os resultados obtidos a partir de plantas-modelo não podem ser alargados a outras plantas (Dudareva N. et al., 2012), sendo necessário um trabalho separado para cada planta.

As abordagens destinadas a melhorar o sistema de defesa das plantas consistem em pedir ajuda aos predadores e parasitas e em torná-las menos atractivas para os atacantes (Rodriguez A. et al., 2011; Kappers I. F. et al., 2005). Na Arabidopsis e na batata, a transferência de certos genes de terpenos permitiu que as plantas manipuladas atraíssem os predadores de forma mais eficaz do que os tipos selvagens (Kappers I. F. et al., 2003; Dudareva N. et al., 2012). A Arabidopsis transformada com a sobreexpressão constitutiva de uma linalol/nerolidol sintase plastidial dupla produziu plantas que dissuadiram a colonização por pulgões, embora não fossem totalmente resistentes. Noutra experiência, um gene de terpeno sintase *(tps10)* foi transferido do milho para a Arabidopsis e atraiu uma vespa parasitoide que se alimenta de pragas do milho (Lange B. M. & Ahkami A., 2013; Gatehouse J. A., 2008). As plantas de Arabidopsis manipuladas através da obtenção do gene responsável pelo (E)-beta-farneseno (uma feromona de alarme para pulgões) da hortelã, mostraram dissuasão dos pulgões e atraíram o parasita *Diaeretiella rapae* (Gatehouse J. A., 2008; Beale M. H. et al., 2006). Esse gene também foi produzido após a superexpressão do gene *fds* em *Arabidopsis thaliana* (Bhatia V. et al., 2015). Além disso, foi observada uma diminuição da colonização de afídeos e uma atração de predadores de afídeos quando este gene foi transferido de *Artemisia annua* para plantas de tabaco (Lange B. M. & Ahkami A., 2013; Yu X. D. et al., 2012). Foi demonstrado que um aumento do nível de zingibereno (um tipo de sesquiterpeno) está ligado a um aumento da repelência do ácaro da aranha do tabaco *(Tetranychus evansi)* (Glas J. J. et al., 2012). Noutra experiência, o gene da monooxigenase do citocromo P450 foi inactivado em *Nicotiana tabacum*, resultando numa acumulação até 19 vezes superior de cembratrienol (em comparação com as plantas de controlo), aumentando a resposta das plantas contra os afídeos (Lange B. M. & Ahkami A., 2013). Pensa-se que a regulação negativa do D-limoneno na laranja, onde representa até 97% do total de compostos voláteis (Rodriguez A. et al., 2011), reduz a propensão de *Penicillium digitatum* e *Xanthomonas citri subsp. Citri* para repelir pragas e resistir a doenças em citrinos (Rodriguez A. et al., 2011). É de notar, no entanto, que esta alteração não tem qualquer efeito indesejável na qualidade do sumo ou da polpa do fruto. Além disso, esta regulação negativa mostrou a ativação da cascata de defesa em frutos de laranja. Além disso, esta atividade de engenharia em plantas permitirá aos cientistas compreender melhor as vias dos terpenos, bem como a sua ligação a diferentes comportamentos dos organismos (Rodriguez Baixauli A. M., 2013). Nas plantas de tabaco, a sobreexpressão da patchoulol sintase de *Pogostemon cablin* teve um efeito dissuasor sobre os vermes dos chifres (Dudareva N. et al., 2012). A sobreexpressão de beta-cariofileno no arroz e no milho foi examinada; no arroz, melhorou a defesa aérea atraindo vespas parasitóides e, no milho, melhorou a defesa subterrânea atraindo nemátodos entomopatogénicos que infectam e matam pragas radiculares (Degenhardt J. et al., 2009, Dudareva N. et al., 2012). A transferência deste gene dos orégãos para o milho atraiu nemátodos parasitóides para as raízes do milho manipulado, reduzindo os danos causados por pragas de escaravelhos das raízes, uma vez que estes nemátodos se alimentam das pragas (Degenhardt J. et al., 2009).

Foi referido que a mistura de óleos essenciais voláteis é importante para atrair ácaros predadores e não um único terpeno, embora por vezes um único terpeno importante possa alterar o efeito global. Também é mencionado que a atração de certos predadores depende da sua experiência olfactiva anterior, bem como das suas condições fisiológicas (Shimoda T. et al., 2012). Num estudo, o salicilato de metilo sozinho atraiu *Phytoseiuluspersimilis*, enquanto noutro, uma mistura de voláteis de plantas induzidos por herbívoros (HIPVs), incluindo pistas repelentes, mascarou a atratividade deste composto (Shimoda T. et al., 2012). Foi demonstrado que o (E)-beta-ocimeno aumenta a atratividade do óleo essencial volátil para ácaros predadores *(Phytoseiuluspersimilis)* nas plantas (Shimoda T. et al., 2012). Numa experiência, a fraca resposta dos ácaros predadores *(Phytoseiuluspersimilis) ao* (E)-beta-ocimeno (atrativo) foi relatada como estando ligada à utilização de insectos famintos que nunca experimentaram tal composto (Shimoda T. et al., 2012). O site também menciona que os próprios herbívoros são diretamente afectados pelos terpenos e que os terpenos desempenham um papel de atração, atraindo predadores e parasitas destes herbívoros. Por exemplo, pensa-se que o elevado nível de linalol produzido pelas plantas de Arabidopsis afasta os afídeos. Este resultado também foi observado noutras plantas, como as batatas e os crisântemos. Os cientistas estão a tentar encontrar mais qualidades deste tipo noutras plantas e compostos, dependendo o desafio da capacidade de encontrar os terpenos mais voláteis que conseguem expressar-se num modo tempo-espacial adequado (Jongsma M., 2004).

Os stresses abióticos podem ser atenuados através da melhoria do repertório do conteúdo de terpenos nas plantas. Os carotenóides são utilizados como agentes para melhorar a resistência das plantas a stresses abióticos (Giuliano G. et al., 2008). A expressão diferencial de três versões do gene *dxs* no arroz sugere as suas funções distintas e complementares em resposta a vários estímulos ambientais (Kim B. R. et al., 2005). As plantas de choupo com uma diminuição da isopreno sintase apresentaram uma diminuição da tolerância ao calor, enquanto as plantas de Arabidopsis que sobre-expressam uma isopreno sintase de choupo apresentaram um aumento da tolerância ao calor (Webb H. et al., 2014). As plantas de tabaco concebidas para emitir isopreno apresentaram um forte aumento da tolerância ao stress oxidativo (Webb H et al., 2014).

Por último, os terpenos são utilizados para fins farmacêuticos, olfactivos e aromáticos. A maioria das plantas cultivadas perdeu o seu sabor e qualidade aromática no altar do crescimento rápido e do rendimento elevado durante a domesticação e seleção pelos criadores (Araguez I. & Fernandez V., 2013). Os terpenóides e os terpenos podem ser explorados como factores de determinação da elevada qualidade aromática no melhoramento de plantas (Wang Y. & Kays S. J., 2003). A engenharia de terpenos permite que os cientistas personalizem diferentes frutas e flores organolepticamente preferidas para os mercados (Pichersky E. & Dudareva N., 2007; Dudareva N. & Pichersky E., 2008; Lange B. M. & Ahkami A., 2013), possibilitando a obtenção de novas propriedades olfactivas nas plantas, por exemplo, através da co-expressão da síntese de terpenos e da introdução de enzimas do citocromo P450 (Daviet L. & Schalk M., 2010). A supressão dos genes da terpeno sintase demonstrou ser uma forma eficaz de modificar a fragrância de uma planta, embora o teor de óleo essencial seja reduzido (Tsuro M. & Asada S., 2014). A sobreexpressão do gene da geraniol sintase do manjericão para o tomate, sob o controlo do promotor da poligalacturonase, resultou numa alteração dramática do sabor e do aroma do fruto do tomate, resultante da produção deste e de outros terpenos. Recomenda-se que esta abordagem possa ser útil para melhorar o aroma e o sabor de outras espécies que acumulam carotenóides (Sitrit Y. et al., 2007). Foi relatada a produção bem-sucedida de três sesquiterpenos: patchoulol, sclareol e beta-santaleno em espumas para a indústria de perfumes (Ikram N. et al., 2015). Afinal, o sucesso da manipulação de plantas ornamentais para se tornarem plantas aromáticas está ligado à compreensão dos diferentes fluxos de metabolitos nas células (Dudareva N. & Pichersky E., 2006).

4- Conclusão:

Em conclusão, hoje em dia não há dúvida de que os terpenos, estes compostos únicos, fazem parte do quotidiano da vida humana, e o seu efeito vai da biotecnologia verde à biotecnologia vermelha e branca. No entanto, o grande problema destes compostos é que a quantidade que produzem, nomeadamente nas plantas, é inferior à procura. É por isso que temos de mergulhar no mundo destes compostos e aperfeiçoar a nossa ciência, porque quanto mais soubermos sobre eles, mais eficaz e autenticamente os poderemos explorar. A exploração está ligada à síntese temporal e espacial correta destes materiais para responder às nossas necessidades sem interferir com as actividades regulares da planta; e é nesta circunstância que encontramos o sucesso. É verdade que as interações complexas dos terpenos com os diferentes factores intrínsecos e extrínsecos da planta nunca deixam de nos surpreender, mas é assim até desenvolvermos os nossos conhecimentos sobre eles e as suas plantas hospedeiras. Aliás, neste caso, a biotecnologia pode ser uma ferramenta sem igual nas mãos dos cientistas para tornar esta secção da ciência mais lúcida do que nunca e permitir-nos tirar o máximo partido destes compostos nas plantas, quer para servir diretamente o homem, produzindo-os em grandes quantidades, quer para servir as próprias plantas, cumprindo as suas diversas funções.

Agradecimentos :

Este documento não é apoiado por nenhuma organização ou associação, sendo simplesmente produzido pelos seus autores.

Abreviaturas

IDP/IPP= isopentenyl diphosphate/pyrophosphate

DMADP/DMAPP= dimethylallyl diphosphate/pyrophosphate

MVA= Mevalonate pathway

MEP= 2-c-methyl-D-erythritol 4-phosphate pathway

FDP/FPP= farnesyl diphosphate/pyrophosphate

GDP/GPP= geranyl diphosphate/pyrophosphate

GGDP/GGPP= geranylgeranyl diphosphate/pyrophosphate

TPS= terpene synthase

PT= prenyl transferase

IDS= isoprenyl diphosphate synthases

FDS= farnesyl diphosphate synthase

GDS= geranyl diphosphate synthase

GGDS= geranylgeranyl diphosphate synthase

ROS= reactive oxygen species

VOC= volatile organic compound

DXS= 1-deoxy-D-xylulose-5-phosphate synthase

DXR= 1-deoxy-D-xylulose-5-phosphate reductoisomerase

HDR= hydroxy-2-methyl-2-(E)-butenyl 4-diphosphate reductase

HMGR= 3-hydroxy-3-methyl-glutaryl coenzyme A reductase

TXS= taxadiene synthase

ADS= Amorpha 4,11-diene synthase

cyp71av1= a kind of cytochrome P450 monooxygenase

EAS= 5-epi-aristolochene synthase

SQS= squalene synthase

Cpr= cytochrome P450 reductase

POR= cytochrome P450 oxidoreductase

Bt.= Bacillus thuringiensis

Referências :

A, N. D. (2010). Metabolismo de terpenóides voláteis de plantas: Genes biossintéticos, regulação transcricional e compartimentação subcelular. *FEBSLetters, 584(14,16)*, 2965-2973.

Altman, P. M. H. (2011). Biotecnologia Vegetal e Agricultura: Perspectivas para o Século XXI. *Academic Press.*

C. Heiden, T. H., J. Kahl, D. Kley, D. Klockow, C. Langebartels, H. Mehlhorn, H. Sandermann Jr, M. Schraudner, G. Schuh e J. Wildt (1999). Emissão de compostos orgânicos voláteis de plantas expostas ao ozono. *Ecological Applications, 9*(4), 1160-1167.

G. Balkema-Boomstra, S. Z., F. W. A. Verstappen,H. Inggamer,P. E. Mercke,M. A. Jongsma,H. J. Bouwmeester. (2003). Papel da Cucurbitacina C na Resistência ao Ácaro da Aranha (Tetranychus urticae) no Pepino (Cucumis sativus L.). *Journal of Chemical Ecology, 29*(1), 225-235. doi : 10.1023/ A :1021945101308

A.C. Waiss , B. G. C., C. A. Elliger , D. L. Dreyer , R. G. Binder , R. C. Gueldner (1981). Inibidores de crescimento de insectos em plantas cultivadas. *Entomological Society of America, 27(3)*, 217-221. doi : http://dx.doi.org/10.1093/besa/27.3.217

Adams, R. P. (1998). The leaf essential oils and chemotaxonomy of Juniperus sect.Juniperus. *Biochemical Systematics and Ecology, 26*(6), 637-645. doi : 10.1016/S0305-1978(98)00020-9

Ahkami, B. M. L. a. A. (2013). Engenharia metabólica de monoterpenos, sesquiterpenos e diterpenos vegetais - estado atual e oportunidades futuras. *Biotecnologia Vegetal, 11,* 169-196. doi : 10.1111/pbi.12022

Ai-Xia Cheng, Y.-G. L., Ying-Bo Mao,Shan Lu,Ling-Jian Wang e Xiao-Ya Chen (2007). Plant Terpenoids: Biosynthesis and ecological functions. *Journal of Integrative Plant Biology, 49*(2), 179-186. doi : 10.1111/j.1744-7909.2007.00395.x

AK Islam, M. A., A Sayeed, SM Salam, A Islam,Motinr Rahman,G.R.M A staq Mohal Khan,Seatara Khatun (2003). Um terpenóide antimicrobiano de Caesalpinia pulcherrima Swartz: A sua caraterização, actividades antimicrobianas e citotóxicas. *Revista asiática de ciência vegetal, 2*(17-24), 1162-1165.

Alan Chambers, V. M. W., Brian Gibbs, Anne Plotto e Kevin M. Folta (2012). Deteção da variante NES1 produtora de linalol em diversos acessos de morango (Fragaria spp.). *Plant Breeding, 131(3),* 437-443. doi: 10.1111/j.1439-0523.2012.01959.x

Alexander M. Nosov, E. V. P., Dmitry V. Kochki (2014). Produção de isoprenóides por meio de culturas de células vegetais: biossíntese, acumulação e aumento de escala para biorreatores. *Produção de biomassa e compostos bioativos usando tecnologia de biorreator,* 563-623. doi: 10.1007/978-94-017-9223-3_23

Alisa Huffaker, F. K., Martha M. Vaughan, Nicole J. Dafoe, Xinzhi Ni, James R. Rocca, Hans T. Alborn, Peter E.A. Teal e Eric A. Schmelz (2011). Novos sesquiterpenóides ácidos constituem uma classe dominante de fitoalexinas induzidas por patógenos no milho1. *Sociedade Americana de Biólogos de Plantas, 156(4),* 2082-2097.

Amitabha Das, S.-H. L., Tae Kyung Hyun,Seon-Won Kim,Jae-Yean Kim.(2013). Voláteis de plantas como um método de comunicação. *Relatórios de Biotecnologia Vegetal, 7*(1), 9-26. doi: 10.1007/s11816-012-0236-1

Ana Rodriguez, T. S., Magdalena Cervera,Berta Alquezar,Jose Gadea,Aurelio Gomez-Cadenas,Carlos Jose De Ollas,Maria Jesus Rodrigo,Lorenzo Zacarias e Leandro Pena* (2014). Terpene DownRegulation Triggers Defense Responses in Transgenic Orange Leading to Resistance against Fungal Pathogens1[W]. *Sociedade Americana de Biólogos de Plantas, 164*(1), 321-339.

Ana Rodriguez, V. S. A., Magdalena Cervera,Ana Redondo,Berta Alquezar,Takehiko Shimada,Jose Gadea,Maria Jesus Rodrigo,Lorenzo Zacarias,Lluis Palou,Maria M. Lopez,Pedro Castanera e

Leandro Pena. Lopez, Pedro Castanera e Leandro Pena (2011). Terpene Down-Regulation in Orange Reveals the Role of Fruit Aromas in Mediating Interactions with Insect Herbivores and Pathogens. *Plant Physiology, 156*(2), 793-802. doi : http://dx.doi.org/10.1104/pp.111.176545

Asaph Aharoni, M. A. J., Tok-Yong Kim, Man-Bok Ri, Ashok, & P. Giri, F. W. A. V., Wilfried Schwab & Harro J. Bouwmeester. (2006). Engenharia metabólica da biossíntese de terpenóides em plantas. *Phytochemistry Reviews.* doi : 10.1007/s11101-005-3747-3

Asaph Aharonia, A. P. G., Francel W.A. Verstappena,Cinzia M. Berteaa,Robert Seveniera, Zhongkui Suna, Maarten A. Jongsmaa, Wilfried Schwabc,e Harro J. Bouwmeestera. (2004). Gain and Loss of Fruit Flavor Compounds Produced by Wild and Cultivated Strawberry Species (Ganho e Perda de Compostos de Sabor de Fruta Produzidos por Espécies de Morango Selvagens e Cultivadas). *The Plant Cell, 16(11),* 3110-3131. doi : http://dx.doi.org/10.1105/tpc.104.023895

Ashley Byun-McKay, K.-A. G., Morteza Toudefallah, Diane M. Martin, Rene Alfaro, John King, Joerg Bohlmann e Aine L. (2006). Plant (2006). Wound-Induced Terpene Synthase Gene Expression in Sitka Spruce That Exhibit Resistance or Susceptibility to Attack by the White Pine Weevil. *Sociedade Americana de Biólogos de Plantas.*

Baixauli, A. M. R. (2013). Engenharia genética de voláteis de plantas em frutos carnudos: repelência de pragas e resistência a doenças através da regulação negativa de D-limoneno em plantas transgénicas de laranja. *Universidade Politécnica de Valência.*

Basu, S. Z. a. C. (2008). Terpenóides de plantas: aplicações e potencialidades futuras (revisão). *Biotechnology and Molecular Biology Reviews, 3*(1), 001-007.

Belletti N, K. S., Tabanelli G, Lanciotti R, Gardini F. (2010). Modelação dos efeitos combinados de citral, linalol e beta-pineno utilizados contra Saccharomyces cerevisiae em bebidas cítricas sujeitas a tratamento térmico suave. *Int J Food Microbiol, 136*(3), 283-289. doi : 10.1016/j.ijfoodmicro.2009.10.030

Bo-Ra Kim, S.-U. K., Yung-Jin Chang (2005). Expressão diferencial de três genes da 1-deoxi-D-xilulose-5-fosfato sintase em arroz. *Biotechnology Letters, 27*(14), 997-1001. doi : 10.1007/s10529-005-7849-1

Bona), E. B. U. o. (2007). Terpenos. Flavors, Fragrances, Pharmaca, Pheromones. *revista de produtos naturais.* doi : 10.1021/np078143n

Bouwmeester1, H. J. (2006). Engenharia da essência vegetal. *Nature Biotechnology, 24,* 1359 - 1361. doi : 10.1038/nbt1106-1359

Breitmaier, P. D. E. (2006). Terpenos, importância, estrutura geral e biossíntese. *Wiley Online Library.* doi : 10.1002/9783527609949.ch1

C, Z. S. a. B. (2008). Terpenóides vegetais: aplicações e potencialidades futuras. *Biotechnology and Molecular Biology Reviews, 3*(1), 001-007

Neal Stewart Jr , L. S., Gong-She Liu ,Jie Zhuang , Yongqing Ma - Gerald A. Tuskan ,Richard Meilan , Randall W. Gentry , Gary S. Sayler (2009). Workshop China-EUA sobre Biotecnologia de Plantas para Bioenergia. *Ecotoxicologia (2010), 19*(1-3). doi : 10.1007/s10646-009-0448-5

Caputi, L. A., Eugenio (2011). Uso de terpenóides como compostos naturais de sabor na indústria alimentícia. *Patentes recentes em alimentos, nutrição e agricultura, 3*(1), 9-16.

Carla C.C.R. de Carvalho, M. M. R. d. F. (2006). Carvona: porquê e como se dar ao trabalho de produzir este terpeno. *Food Chemistry, 95*(3), 413-422. doi : 10.1016/j.foodchem.2005.01.003

Catherine Kadogo Kitonde, c. a. D. S. F., Catherine Wanjiru Lukhoba, e Miriam Musamia Jumba (2013). Atividade antimicrobiana e estudo fitoquímico de Vernonia Glabra (Steetz) Oliv. & Hiern. no Quénia. *Afr J Tradit ComplementAltern Med, 10*(1), 149-157.

Changfa Lin, B. S., Zhennan Xu3, Tobias G. Kollner, Jorg Degenhardt e Hugo K. Dooner. Dooner (2008).

Caracterização do gene da monoterpeno sintase tps26, o ortólogo de um gene induzido pela herbivoria de insectos no milho. *Sociedade Americana de Biólogos de Plantas, 146,* 940-951.

Chappell, J. D. N. a. J. (1999). Biossíntese de isoprenóides em plantas: Partição de carbono dentro da via citoplasmática. *Critical Reviews in Biochemistry and Molecular Biology, 34*(2), 95-106.

Cheng A X, L. Y. G., Mao Y B, Lu S, Wang L J e Chen X Y. (2007). Plant terpenoids: biosynthesis and ecological functions. *Jornal de Biologia Vegetal Integrativa, 49(2),* 179-186.

Christoph A. Schuhr, T. R., Silvia Sagner, Christoph Latzel, Meinhart H. Zenk, Duilio Arigoni, Adelbert Bacher, Felix Rohdich, Wolfgang Eisenreich (2003). Avaliação quantitativa do crosstalk entre as duas vias de biossíntese de isoprenóides em plantas por espetroscopia NMR. *Phytochemistry Reviews, 2*(1-2), 3-16. doi : 10.1023/B:PHYT.0000004180.25066.62

Claudia E Vickers, J. G., Manuel T Lerdau & Francesco Loreto (2009). Um mecanismo de ação unificado para os isoprenoides voláteis no stress abiótico das plantas. *Nature Chemical Biology, 5,* 283-291. doi : 10.1038/nchembio. 158

Croteau, B. M. L. a. R. (1999). Engenharia genética da produção de óleo essencial em hortelã. *Opinião atual em Biologia Vegetal, 2,* 139-144.

Croteau, R. (1997). A descoberta dos terpenos. *World Scientific, 1.*

Dicke, I. F. K. F. W. A. V. L. L. P. L. H. J. B. M. (2010). Variação Genética na Emissão Volátil de Plantas Induzidas por Ácido Jasmônico e Ácaro Aranha de Accessões de Pepino e Atração do PredadorPhytoseiulus persimilis. *J Chem Ecol, 36,* 500-512. doi : 10.1007/s10886-010-9782-6

Dong Wook Cho , Y. D. P., Kyu Hwan Chung (2005). Agrobacterium-Mediated Transformation of Lettuce with a Terpene Synthase Gene *JOURNAL OF THE KOREAN SOCIETY FOR HORTICULTURAL SCIENCE, 46*(3), 169-175 (167 páginas).

Drew J. King, R. M. G. a. I. E. W. (2004). Implantação de terpenos em Eucalyptus polybractea; relações com a estrutura da folha, tensões ambientais e crescimento. *Functional Plant Biology, 31,* 451-460.

Dudareva2, J. G. N. (2007). A função dos produtos naturais terpénicos no mundo natural. *Nature Chemical Biology 3,,* 408 - 414. doi : 10.1038/nchembio.2007.5

Efraim Lewinsohna, Y. S., Einat Bara,Yaniv Azulaya,Mwafaq Ibdaha,Ayala Meira,Emanuel Yosefb,Dani Zamird,Yaakov Tadmora (2005). Not just colors-carotenoid degradation as a link between pigmentation and aroma in tomato and watermelon fruit. *Trends in Food Science & Technology, 16*(9), 407-415. doi : 10.1016/j.tifs.2005.04.004

Ehlers, E. G. a. B. K. (2008). Adaptação local a factores bióticos: transplantes recíprocos de quatro espécies associadas às aromáticas Thymus pulegioides e T. serpyllum. *Journal of Ecology, 96,* 981-992. doi : 10.1111/j.1365-2745.2008.01407.x

Eran Pichersky, N. D. (2007). Olfactory engineering: towards the goal of controlling flower odour. *Tendências em Biotecnologia, 25*(3), 105-110. doi : 10.1016/j.tibtech.2007.01.002

Eric L. Singsaas, R. E. (2000). Terpenos e a termotolerância da fotossíntese. *new Phytol, 146,* 1-4.

Feng Chen, H. A.-A., Blake Joyce,Nan Zhao,Tobias G. Kollner,Jorg Degenhardt,C. Neal Stewart Jr (2009).

Distribuição e emissão de sesquiterpenos de Copaifera officinalis na planta. *Fisiologia e Bioquímica Vegetal, 47*(11-12), 1017-1023. doi: 10.1016/j.plaphy.2009.07.005 Fernandez, I. A. a. D. V. V. (2013). Engenharia metabólica de componentes de aroma em frutas (revisão). *Biotechnology Journal, 8*(10), 1144-1158. doi : 10.1002/biot.201300113

Francisco Amil-Ruiz, R. B.-P., Juan Mun~oz-Blanco e Jose' L. Caballero (2011). O mecanismo de defesa das plantas de morango: uma revisão molecular. *Plant Cell Physiol, 52*(11), 1873-1903. doi : 10.1093/pcp/pcr136

Frank Bedon, C. B., Sebastien Caron, Caroline Levasseur, Brian Boyle, Shawn D. Mansfield, Axel Schmidt, Jonathan Gershenzon, Jacqueline Grima-Pettenati, Armand Seguin e John MacKay (2010). Subgrupo 4 R2R3-MYBs em árvores coníferas: expansão da família de genes e contribuição para as respostas orientadas para os isoprenóides e flavonóides. *journL of experimental botany.*

Gatehouse, J. A. (2008). Biotechnological Prospects for Engineering Insect-Resistant Plants (Perspectivas biotecnológicas para a engenharia de plantas resistentes a insectos). *Plant Physiology, 146*(3), 881-887. doi : http://dx.doi.org/10.1104/pp.107.111096

Gen-ichiro Arimura, K. M. a. J. T. (2009). Ecologia química e molecular dos voláteis de plantas induzidos por herbívoros: Factores de proximidade e suas funções finais. *Plant Cell Physiology, 50*, 911-923. doi : 10.1093/pcp/pcp030

Giovanni Giuliano, R. T., Gianfranco Diretto, Peter Beyer, Mark A. Taylor (2008). Engenharia metabólica da biossíntese de carotenóides em plantas (revisão). *Tendências em Biotecnologia, 26(3),* 139-145. doi : 10.1016/j.tibtech.2007.12.003

Gitika Shrivastava, B. H. O., Robert M. Auge, Heather Toler, Mary Dee, Andrea Vu, Tobias G. Kollner, Feng Chen (2015). A colonização por fungos micorrízicos arbusculares e endofíticos aumentou a produção de terpenos em plantas de tomate e sua defesa contra um inseto herbívoro. *Symbiosis, 65*(2), 6574. doi: 10.1007/s13199-015-0319-1

Gleave, T. W. a. A. P. (2012). Aplicações biotecnológicas em kiwis (Actinidia). *INTECH Open Access Publisher,* 1-30.

Gounaris, Y. (2010). Biotecnologia para a produção de óleos essenciais, aromas e isolados voláteis. A review. *Flavour and Fragrance Journal, 25*(5), 367-386. doi : 10.1002/ffj.1996

H J Bouwmeester, F. W. A. V., A Aharoni, J Lucker, M A Jongsma,I F Kappers, L L P Luckerhoff, M Dicke (2003). Exploração de interações multitróficas planta-herbívoro para novos métodos de proteção das culturas. *Actas da conferência internacional BCPC Crop Science & Technology, 2,* 1123-1134.

Hadacek, F. (2010). Metabolitos secundários como caraterísticas de plantas: Avaliação atual e perspectivas futuras.
Ciências das plantas, 21(4), 273-322. doi : 10.1080/0735-260291044269

Hamish Webb, K. C., Lanfear Rob , John Hamill , William Foley (2011). A regulação da variação quantitativa do terpeno foliar na árvore do chá medicinal Melaleuca alternifolia. *BMC Proceedings, 5*(7).

Hamish Webb, R. L., John Hamill, William J. Foley, Carsten Kulheim (2013). O rendimento de óleos essenciais em Melaleuca alternifolia (Myrtaceae) é regulado pela abundância de transcritos de genes na via MEP. *PLOS.* doi: 10.1371/journal.pone.0060631

Hamish Webb, W. J. F., Carsten Kulheim. (2014). A base genética do rendimento de terpenos foliares: implicações para a seleção e lucratividade das culturas de óleo essencial australianas (revisão). *Biotecnologia Vegetal.* doi: 10.5511/plantbiotechnology.14.1009a

Han Min Ye J, Q. X., Xu M , Wang B e Guo D.A. (2008). Caracterização de compostos fenólicos no medicamento herbal chinês Artemisia annua por cromatografia líquida acoplada à espetrometria de massa com ionização por electrospray. *Journal of Pharmaceutical and Biomedical Analysis, 47,* 516-525.

Hangje Zhang, M. Q., Yegao Chen, Jinxiong Chen, Yun Sun, Cuifang Wang, Harry H.S.fong (2011). Terpenos vegetais, na secção de Fitoquímica e Farmacognosia, ciências químicas, engenharia e recursos tecnológicos.

Hanover, J. W. (1990). Aplicações da análise de terpenos na genética florestal. *Ciências Florestais, 42*(1992), 159-178. doi : 10.1007/978-94-011-2815-5_9

Hay, G. C. a. M. E. (1996). Effects of Light and Nutrient Availability on the Growth, Secondary Chemistry, and Resistance to Herbivory of Two Brown Seaweeds (Efeitos da Luz e da Disponibilidade de Nutrientes no Crescimento, Química Secundária e Resistência à Herbivoria de Duas Algas Castanhas). *Oikos, 77*(1), 93-106. doi : 10.2307/3545589

Hemming, D. (2011). Revisões de ciências vegetais2010. *CABI.*

Holopainen, J. K. (2004). Multiple functions of inducible plant volatiles. *Trends in Plant Science,*

9(11), 529-533, . doi:http://dx.doi.org/10.1016Zi.tplants.2004.09.006

Howard, H. W. (2013). Um método para aumentar os pontos de inflamação e melhorar a resistência ao congelamento de solventes verdes voláteis. *Greensolve Llc.*

Ian T. Baldwin, R. H., Anja Paschold, Caroline C. von Dahl, Catherine A. Preston. Preston (2006). Sinalização volátil nas interações planta-planta: "Talking Trees" na era da genómica. *Science, 311* (5762), 812-815. doi : 10.1126/science.1118446

Iijima Y, D.-R. R., Fridman E, Gang D R, Bar E,Lewinsohn E e Pichersky E. (2004). The Biochemical and Molecular Basis for the Divergent Patterns in the Biosynthesis of Terpenes and Phenylpropenes in the Peltate Glands of Three Cultivars of Basil. *Fisiologia Vegetal, 136,* 3724-3736.

Iris F. Kappers, A. A., Teun W. J. M. van Herpen, Ludo L. P. Luckerhoff, Marcel Dicke, Harro J. Bouwmeester. (2005). A engenharia genética do metabolismo dos terpenóides atrai guarda-costas em Arabidopsis. *Science, 309*(5743), 2070-2072. doi : 10.1126/science.1116232

Iris F. Kappers, M. D., Harro J. Bouwmeester. (2008). Terpenóides na sinalização de plantas: Ecologia química. *Wiley Encyclopedia of Chemical Biology.* doi: 10.1002/9780470048672.wecb652

J, K. C. I. a. B. (2006). Genes, enzimas e produtos químicos da diversidade de terpenóides na defesa constitutiva e induzida de coníferas contra insectos e agentes patogénicos. *NewPhytologistjournal.* doi : 10.1111/j.1469-8137.2006.01716.x

J. Berlim, L. F. (2000). Engenharia genética de enzimas de sequestro de aminoácidos no metabolismo secundário. *Metabolic Engineering of Plant Secondary Metabolism,* 195-216. doi : 10.1007/978- 94-015-9423-3_10

J. Lejonklev, M. M. L., M.K. Larsen,G. Mortensen,M.A. Petersen,M.R. Weisbjerg (2013). Transferência de terpenos de óleos essenciais para o leite de vaca. *Journal of Dairy Science, 96(7),* 4235-4241. doi : 10.3168/jds.2012-6502

J. OWUSU-YAW, R. F. M. a. P. F. W. (2006). Deterpenação alcoólica do óleo de laranja. *Journal of Food Science, 51(5),* 1180-1182. doi : 10.1111/j.1365-2621.1986.tb13078.x

J. Penuelas, J. L. (1998). Influência da interferência intra e inter-específica na emissão de terpenos por plântulas de Pinus Halepensis e Quercus Ilex. *BiologiaPlantarum, 41(1),* 139-143. doi : 10.1023/A :100178922 2741

Jenny Faldt, G.-i. A., Jonathan Gershenzon, Junji Takabayashi, Jorg Bohlmann (2003). Identificação funcional de AtTPS03 como (E)-P-ocimene synthase: uma monoterpeno sintase que catalisa a formação de voláteis induzida por jasmonato e feridas em Arabidopsis thaliana. *Planta, 216*(5), 745751. doi : 10.1007/s00425-002-0924-0

Jesus Munoz-Bertomeu, E. S., Roc Ros, Isabel Arrillaga e Juan Segura (2007). A regulação positiva de uma 3-hidroxi-3-metilglutaril CoA redutase truncada N-terminal melhora a produção de óleo essencial e de esteróis em lavandula latifolia transgénica. *Plant Biotechnology, 5*(6), 746-758. doi : 10.1111/j.1467-7652.2007.00286.x

Jongsma, M. (2004). Novos genes para o controlo e dissuasão de pragas de insectos sugadores. *Relatório de Notícias ISB.*

Joost Lucker, H. J. B., Asaph Aharoni, Maarten A. Jongsma, Tok-Yong Kim, Man-Bok Ri, Ashok (2007). Engenharia metabólica da biossíntese de terpenóides em plantas. *Applications of Plant Metabolic Engineering,* 219-236. doi : 10.1007/978-1-4020-6031-1_9

Joost Lucker, W. S., Bianca van Hautum,Jan Blaas,Linus H. W. van der PlasHarro ,J. Bouwmeester e Harrie A. Verhoeven (2004). Fragrância aumentada e alterada de plantas de tabaco após engenharia metabólica usando três sintases de monoterpeno de limão. *Plant Physiology, 134(1),* 510519. doi : http://dx.doi.org/10.1104/pp.103.030189

JORG BOHLMANN, G. M.-G. A. R. C. (1998). Terpenóides sintases de plantas: biologia molecular e análise filogenética. *Proc. Natl. Acad. Sci. EUA, 95,* 4126-4133.

Jorg Degenhardt, I. H., Tobias G. Kollner,Monika Frey, Alfons GierlJonathan Gershenzon,Bruce E. Hibbard,Mark R. Ellersieck e Ted C. J. Turlings (2009). Restaurar um sinal de raiz de milho que atrai nemátodos que matam insectos para controlar uma praga importante. *PNAS, 106*(32), 13213-13218. doi : 10.1073/pnas.090636510

Jorg Degenhardt, J. G., Ian T Baldwin, Andre Kessler (2003). Attracting friends to feast on foes: engineering terpene emission to make crop plants more attractive to herbivore enemies. *Current Opinion in Biotechnology, 14(2),* 169-176. doi : 10.1016/S0958-1669(03)00025-9

Jorg Degenhardta, I. H., Tobias G. Kollnera,Monika Freyc,Alfons GierlcJonathan Gershenzona,Bruce E. Hibbardd, Mark R. Ellersiecke et , & Turlingsb, T. C. J. (2009). Restaurar um sinal de raiz de milho que atrai nemátodos que matam insectos para controlar uma praga importante. *106*(32), 13213-13218. doi : 10.1073/pnas.0906365106

Jorge M. S. Faria, I. S. N., A. Cristina Figueiredo,Luis G. Pedro,Helena Trindade,José G. Barroso. Barroso (2009). Biotransformação de mentol e geraniol por culturas de raízes peludas de Anethum graveolens: efeito no crescimento e componentes voláteis. *Biotechnology Letters, 31(6),* 897-903. doi : 10.1007/s10529-009-9934-3

Joris J. Glas , B. C. J. S., Juan M. Alba , Rocio Escobar-Bravo ,Robert C. Schuurink e Merijn R. Kant (2012). Tricomas glandulares de plantas como alvos para reprodução ou engenharia de resistência a herbívoros. *Ciências Moleculares, 13,* 17077-17103. doi: 10.3390/ijms131217077

Josep-Salvador Blanch, J. P., Jordi Sardans, Joan Llusia (2009). Efeitos da seca, do aquecimento e da fertilização do solo nas concentrações de terpenos voláteis nas folhas de Pinus halepensis e Quercus ilex. *Ata Physiologiae Plantarum, 31*(1), 207-218.

Judith M. Furze, M. J. C. R., Adrian J. Parr, Richard J. Robins, Ian M. Withehead, David R. Threlfall (1991). Os factores abióticos provocam a produção de fitoalexina sesquiterpenóide mas não a produção de alcalóides em culturas de raízes transformadas de Datura stramonium. *Plant Cell Reports, 10*(3), 111-114. doi : 10.1007/BF00232039

Juliusz Perkowskia, M. B., Jarostaw Chmielewskib,Tomasz Goralc,Bozena Tyrakowskab (2008). Conteúdo de tricodieno e análise de voláteis fúngicos (nariz eletrónico) em grãos de trigo e triticale naturalmente infectados e inoculados comFusarium culmorum. *InternationalJournal of Food Microbiology, 126*(1-2), 127-134.

Jun-Bo Luan, D.-M. Y., Tong Zhang,Linda L. Walling,Mei Yang,Yu-Jun Wang e Shu-Sheng Liu (2013). A supressão da síntese de terpenóides em plantas por um vírus promove seu mutualismo com vetores. *Ecology Letters, 16*(3), 390-398. doi : 10.1111/ele.12055

Juri Battilana, L. C., Francesco Emanuelli,Federica Sevini,Cinzia Segala,Sergio Moser,Riccardo Velasco,Giuseppe Versini,M. Stella Grando (2009). O gene da 1-deoxi-d-xilulose 5-fosfato sintase co-localiza-se com um QTL importante que afecta o conteúdo de monoterpenos na videira. *Theoretical and Applied Genetics, 118(4),* 653-669. doi : 10.1007/s00122-008-0927-8

Katarina Cankar, E. J., Martin Klompmaker, Timotej Majdic, Roland Mumm, Harro Bouwmeester, Dirk Bosch e Jules Beekwilder (2015). A produção de valenceno em Nicotiana benthamiana é aumentada pela regulação negativa da via concorrente. *Biotechnology Journal, 10*(1), 180-189. doi: 10.1002/biot.201400288

Kays, Y. W. a. S. J. (2003). Analytically Direted Flavor Selection in Breeding Food Crops (Seleção de Sabores Dirigida Analiticamente na Reprodução de Culturas Alimentares). *Journal of the American Society for Horticultural Sciencejournal (JASHS), 128*(5), 711-720.

Kazuaki Ohara, E. M., Kazuya Nanto, Kyoko Yamamoto, Kanako Sasaki, Hiroyasu Ebinuma e Kazufumi Yazaki (2010). Engenharia de monoterpenos em uma planta lenhosa Eucalyptus camaldulensis usando um cDNA de limoneno sintase. *Biotecnologia Vegetal, 8*(1), 28-37. doi : 10.1111/j.1467- 7652.2009.00461.x

Ke Xuan Tang, Y. Y. W., Yue Li Tang, Dong-Fang Chen (2013). Método de utilização do gene PTS e interferência de RNA do gene ads para aumentar o teor de álcool patchouli em Artemisia annua L. *Firmenich Aromatics (China) Co., Ltd.*

Klayman, D. (1985). Qinghaosu (artemisinin): um medicamento antimalárico da China. *Science, 228*(4703), 10491055. doi : 10.1126/science.3887571

KLIEBENSTEIN, D. J. (2004). Secondary metabolites and plant/environment interactions: a view through Arabidopsis thaliana tinged glasses. *Planta, Célula e Ambiente, 27,* 675-684.

Zamponi, M. M. a. P. C. (2007). Resposta de terpenos de Picea abies e Abies alba à infeção comHeterobasidion s.l. *Forest Pathology, 37*(4), 243-250. doi : 10.1111/j.1439-0329.2007.00493.x

Lerdau, N. T. a. M. (2003). A Evolução da Função nos Metabolitos Secundários das Plantas. *Revista Internacional de Ciências Vegetais, 164*(S3), S93-S102. doi : 10.1086/374190

Levin, D. A. (1976). As Defesas Químicas das Plantas contra Patógenos e Herbívoros. *Annual Review of Ecology and Systematics, 7,* 121-159. doi : 10.2307/2096863

LI Ying-ying (Departamento de Engenharia de Jardins, H. U., Heze 274015, China). (2012). Biossíntese e factores que afectam os terpenos voláteis e os fenilpropanóides nas flores das plantas. *Biotecnologia.*

Ling Zhang, X. L., Qian Shen, Yunfei Chen, Tao Wang, Fangyuan Zhang, Shaoyan Wu, Weimin Jiang, Pin Liu, Lida Zhang (2012). Identificação de unigenes putativos do transportador ABCG de Artemisia annua relacionados ao rendimento de artemisinina após análise de expressão em diferentes tecidos vegetais e em resposta a tratamentos com metil jasmonato e ácido abscísico. *Plant Molecular Biology Reporter, 30*(4), 838-847 doi : 10.1007/s11105-011-0400-8

Llusia, J. P. a. J. (2002). Relação entre fotorrespiração, monoterpenos e termotolerância em Quercus. *New Phytologist, 155,* 227-237.

M , H. M. H. a. G. H. (2005). O Homólogo IspH de Arabidopsis Está Envolvido na Via de Não Mevalonato de Plastídeos da Biossíntese de Isoprenóides. *Fisiologia Vegetal, 138,* 641-653.

M. Liza Lopeza, N. E. B., Julio A. Zygadloa. Zygadloa (2008). Potencial alelopático dos terpenos de Tagetes minuta através de uma abordagem química, anatómica e fitotóxica. *Biochemical Systematics and Ecology, 36(12),* 882-890.

M. Maffei, C. M. B. e M. Mucciarelli (2007). Anatomia, fisiologia, biossíntese, biologia molecular, cultura de tecidos e biotecnologia da produção de óleo essencial de menta. *CRC press.*

M. N. Gallucci, M. O., C. Casero,J. Dambolena,A. Luna,J. Zygadlo e M. Demo (2009). Ação antimicrobiana combinada de terpenos contra os microrganismos de origem alimentar Escherichia coli, Staphylococcus aureus e Bacillus cereus. *Flavour and Fragrance Journal, 24*(6), 348-354. doi : 10.1002/ffj.1948

M.L Binet, S. C., ,P Lajoie,J Lacoste. (2000). Acesso a novos estabilizadores de aminas poliméricas impedidas a partir de resinas terpénicas oligoméricas. *Journal of Photochemistry and Photobiology,* 71-77. doi : 10.1016/S1010-6030(00) 00345-2

M.Wallsgrove, R. N. B. a. R. (1994). Metabolitos secundários nos mecanismos de defesa das plantas. *New Phytology, 127,* 617-633.

Ma Y, Y. L., Wu B, Li X, Chen S e Lu S. (2012). Identificação e caraterização em todo o genoma de novos genes envolvidos na biossíntese de terpenóides em Salvia miltiorrhiza. *Jornal de Botânica Experimental, 63(7),* 2809-2823.

MA Yanfen, X. Y., XIAO Chun (2012). Efeito de atração de oviposição de dez voláteis de plantas hospedeiras na traça do tubérculo da batata, Phthorimaea operculella. *Jornal Chinês de Controlo Biológico.*

Man Zhang, K. L., Jianyu Liu, Deyue Yu (2012). Identificação e expressão diferencial de dois isógenos que codificam a 1-deoxi-D-xilulose 5-fosfato redutase em Glycine max. *Biotecnologia Vegetal, 6*(4), 363-371. doi: 10.1007/s11816-012-0233-4

Marco Herdea, K. G., Tobias G. Kollnerb,Benjamin Fodea,Wilhelm BolandcJonathan Gershenzonb,Christiane Gatza,1 e Dorothea Tholld (2008). Identificação e regulação de TPS04/GES, uma geranilinalol sintase de Arabidopsis que catalisa o primeiro passo na formação do homoterpeno volátil C16 induzido por insectos TMTT. *Sociedade Americana de Biólogos de Plantas, 20*(4), 1152-1168.

Mark S. McClure, J. D. H. (1984). Terpenóides foliares em espécies de Tsuga e a fecundidade de insectos cochonilhas. *Oecologia, 63*(2), 185-193.

Martin Kellner, A. K. B., Inger Ahman, Velemir Ninkovic (2010). A resistência a afídeos induzida por voláteis de plantas em cultivares de cevada está relacionada com a idade da cultivar. *Theoretical and Applied Genetics, 121*(6), 1133-1139. doi : 10.1007/s00122-010-1377-7

Masato Tsuro, S. A. (2014). A expressão diferencial do gene da limoneno sintase afeta a produção e a composição do óleo essencial na folha e no florete da lavandina transgénica (Lavandula x intermedia Emeric ex Loisel.). *Biotecnologia Vegetal, 8*(2), 193-201. doi : 10.1007/s11816-013-0309-9

Matthias Erb, J. T., Jo "rg Degenhardt, e Ted C.J. Turlings (2008). Interações entre as defesas acima e abaixo do solo induzidas por artrópodes em plantas. *Plant Physiology, 146,* 867-874.

Mattson, D. A. H. a. W. J. (1992). O dilema das plantas: To Grow or Defend. *The Quarterly Review of Biology, 67*(3), 283-335. doi : 10.2307/2830650

Mazen K El Tamer, M. S., Nancy Holthuysen, Joost Lucker, Ameing Tang, Jacques Roozen, Harro J Bouwmeester, Alphons G.J Voragen (2003). A influência da transformação da monoterpeno sintase no odor do tabaco.

Journal of Biotechnology, 106(1), 15-21. doi : 10.1016/j.jbiotec.2003.09.003

Mazid M, K. T., Mohammad F. (2011). Papel dos metabolitos secundários nos mecanismos de defesa das plantas. *Biologia e Medicina, 3*(232-249).

Md. Sarfaraj Hussain, S. F., Saba Ansari, Md. Akhlaquer Rahman, Iffat Zareen Ahmad e Mohd Saeed (2012). Abordagens actuais para a produção de metabolitos secundários de plantas. *Pharm Bioallied Sci, 4*(1), 10-20. doi: 10.4103/0975-7406.92725

Meredith C Schuman, K. B., Ian T Baldwin (2012). Os voláteis induzidos por herbivoria funcionam como defesas que aumentam a aptidão da planta nativa Nicotiana attenuata na natureza. *elife.* doi: http://dx.doi.org/10.7554/eLife.00007

Michael A Phillips, R. B. C. (1999). Defesas baseadas em resina em coníferas. *Trends in Plant Science, 4*(5), 184190. doi:http://dx.doi.o rg/10.1016/S1360-1385(99)01401-6

Michael H. Beale, M. A. B., Toby J. A. Bruce, Keith Chamberlain, Linda M. Field, Alison K. Huttly,Janet L. Martin, Rachel Parker ,Andrew L. Phillips, John A. Pickett ,Ian M. Prosser,Peter R. Shewry,Lesley E. Smart, Lester J. Wadhams, Christine M. Woodcock, e Yuhua Zhang (2006). A feromona de alarme para pulgões produzida por plantas transgénicas afecta o comportamento dos pulgões e dos parasitóides. *PNAS, 103(27),* 10509-10513. doi : 10.1073/pnas.0603998103

Mirostawa Krauze-Baranowska, M. M., Marian Wiwart, Loretta Pobtocka e Maria Dynowska (2002).
Atividade antifúngica dos óleos essenciais de certas espécies do género Pinus. *Biosciences, 57(56),* 478-482. doi : 10.1515/znc-2002-5-613

Miyoshi Ikawa, S. P. M., Linda J. Barbero (1992). Efeitos inibitórios de álcoois terpénicos e aldeídos no crescimento da alga verde Chlorella pyrenoidosa. *Journal of Chemical Ecology, 18*(10), 1755-1760.

Moran Farhi, M. K., Shai Duchin& Alexander Vainstein (2013). Engenharia metabólica de plantas para a síntese de artemisinina. *Revisões de Biotecnologia e Engenharia Genética, 29 (2),* 135-148. doi: 10.1080 / 02648725.2013.821283

N. KusairaB.K.Ikram, X. Z., Xi-Wu Pan, Brian C.King e Henrik T.Simonsen (2015). Expressão heteróloga estável de terpenóides biologicamente ativos em células vegetais verdes (revisão). *Fronteiras na ciência das plantas, 6.* doi: 10.3389 / fpls.2015.00129

Nagegowda, D. A. (2010). Metabolismo de terpenóides voláteis de plantas: genes biossintéticos, regulação transcricional e compartimentos subcelulares. *Federação das Sociedades Europeias de Bioquímica.*

Naila Cannes do Nascimento, A. G. F.-N. (2010). Metabolismo secundário de plantas e os desafios da modificação de sua função: Uma visão geral. *Métodos em Biologia Molecular, 643,* 1-13. doi : 10.1007/978-1-60761-723-5_1

Natalia Dudareva, A. K., Jo€elle K. Muhlemann e Ian Kaplan. (2012). Biossíntese, função e engenharia metabólica de compostos orgânicos voláteis de plantas. *New Phytology, 198,* 16-32. doi: 10.1111/nph.12145

Natalia Dudareva, E. P. (2008). Engenharia metabólica de voláteis de plantas. *Opinião Atual em Biotecnologia, 19*(2), 181-189. doi : 10.1016/j.copbio.2008.02.011

Natalia Dudareva, E. P., e Jonathan Gershenzon (2004). Biochemistry of Plant Volatiles. *Fisiologia Vegetal, 135,* 1893-1902.

Niels J. Nieuwenhuizen, S. A. G., Xiuyin Chen, Estelle J.D. Bailleul, Adam J. Matich, Mindy Y. Wang e Ross G. Atkinson. Atkinson (2013). A genômica funcional revela que uma família compacta de genes da terpeno sintase pode ser responsável pela produção volátil de terpeno na maçã. *Fisiologia Vegetal, 161,* 787-804.

Nikoletta G Ntalli, F. F., Ioannis Giannakou e Urania Menkissoglu-Spiroudi (2011). Interações sinérgicas e antagónicas de terpenos contra Meloidogyne incognita e a atividade nematicida de óleos essenciais de sete plantas indígenas da Grécia. *Pest Management Science, 67(3),* 341351. doi : 10.1002/ps.2070

Ondrej Uhlik, L. M., Jakub Ridl, Miluse Hroudova, Cestmir Vlcek, Jiri Koubek, Marcela Holeckova, Martina Mackova, Tomas Macek (2013). Mudanças induzidas por metabólitos secundários de plantas na estrutura da comunidade bacteriana e capacidade de degradação em solo contaminado. *Microbiologia Aplicada e Biotecnologia, 97(20),* 9245-9256. doi : 10.1007/s00253-012-4627-6

Paiva, N. L. (2000). Uma Introdução à Biossíntese de Substâncias Químicas Utilizadas na Comunicação Planta-Micróbio. *Journal of Plant Growth Regulation, 19(2),* 131-143. doi : 10.1007/s003440000016

Paul Harrewijn, A. K. M., Chris Mollema (1994). Evolução da produção de voláteis vegetais nas relações inseto-planta. *CHEMOECOLOGY, 5-6*(2), 55-73. doi : 10.1007/BF01259434

Pawan K. Jaiwal, R. P. S., Om Parkash Dhankher (2008). Transportadores de membrana e vacuolares em plantas. *CABI.*

Petra M. Bleeker, P. J. D., Kai Ament, Jose Guerra, Monique Weidner, Stefan Schutz, Michiel T.J. de Both, Michel A. Haring e Robert C. Schuurink* (2009). The Role of Specific Tomato Volatiles in Tomato-Whitefly Interaction1[W][OA]. *Sociedade Americana de Biólogos Vegetais, 151*(2), 925-935.

Picherskyb, N. D. E. (2006). Metabolic Engineering of Floral Scent of Ornamentals (Engenharia metabólica do aroma floral de plantas ornamentais). *Crop Improvement, 18(1-2),* 325-346. doi : 10.1300/J411v18n01_02

Polichuk D. R, Z. Y., Reed D. W, Schmidt J. F. e Covello P. S. (2010). A glandular trichome-specific monoterpene alcohol dehydrogenase from Artemisia annua. *Revista Phytochemistry, 71,* 12641269.

Price, D. S. a. P. W. (1976). Compostos secundários em plantas: Funções primárias. *The American Naturalist, 110*(971), 101-105. doi : 10.2307/2459879

Priyanka P. Brahmkshatriya, D. P. S. B. (2013). Terpenos: Química, Papel Biológico e Aplicações Terapêuticas. *Produtos Naturais,* 2665-2691. doi: 10.1007/978-3-642-22144-6_120

Pulido P, P. C. a. R.-C. M. (2012). Novos insights sobre o metabolismo de isoprenóides de plantas. *Planta Molecular, 5,* 964-967.

R Verpoortea, J. M. (2002). Engenharia da produção de metabolitos secundários em plantas (revisão). *Current Opinion in Biotechnology, 13*(2), 181-187. doi : 10.1016/S0958-1669(02)00308-7

R , W. a. Y. (2011). Biossíntese de artemisinina e suas enzimas reguladoras: progresso e perspectivas. *Pharmacogn Rev, 5(10)*(189).

R. Verpoorte, A. W. A. (2000) Metabolic engineering of secondary plant metabolism. *Springer Science & Business Media.*

Rachel Davidovich-Rikanati, E. L., Einat Bar, Yoko Iijima, Eran Pichersky e Yaron Sitrit (2008). A sobreexpressão do gene da a-zingibereno sintase do manjericão-limão aumenta o teor de mono e sesquiterpenos no fruto do tomateiro. *ThePlantJournal, 56,* 228-238. doi : 10.1111/j.1365- 313X.2008.03599.x

Roger Dabbah, V. M. E. a. W. A. M. (1970). Ação antimicrobiana de certos óleos de citrinos em bactérias alimentares selecionadas. *Appl. Environ. Microbiol, 19*(1), 27-31.

Rowinsky EK, O. N., Canetta RM, Arbuck SG. (1992). Taxol: o primeiro dos taxanos, uma nova e importante classe de agentes antitumorais. *Seminários em Oncologia, 19*(6), 646-662.

Roxanne J. Owen, E. A. P. (2007). Atividade anti-listerial de extractos etanólicos de plantas medicinais, Eremophila alternifolia e Eremophila duttonii, em homogenatos alimentares e leite. *Food Control, 18(5),* 387-390. doi : 10.1016/j.foodcont.2005.11.004

Rupesh R. Kariyat , K. E. M. , Christopher M. Balogh , Andrew G. Stephenson , Mark C. Mescher , Consuelo M. De Moraes (2013). A consanguinidade na urtiga (Solanum carolinense) altera as emissões voláteis noturnas que orientam a oviposição em mariposas Manduca sexta. *RoyalSociety, 282* (1804). doi: 10.1098/rspb.2013.0020

S , A. C. S. a. P. H. (2008). Função fisiológica de IspE, um gene da via MEP plastidial para a biossíntese de isoprenóides, na biogénese de organelos e morfogénese celular em Nicotiana benthamiana. *Plant Mol Biol, 66,* 503-517.

Sabelis, M. D. a. M. W. (1987). Como as plantas obtêm ácaros predadores como guarda-costas. *Jornal Holandês de Zoologia, 38*(2), 148-165. doi : 10.1163/156854288X00111

Sardo, A. (2014). Combinações de ésteres de ácido abiético com um ou mais terpenos e sua utilização para revestimento de frutas ou vegetais *Xeda International.*

Schalk, L. D. a. M. (2010). Biotecnologia na produção de óleo essencial de plantas: progresso e perspetiva na engenharia metabólica da via do terpeno. *Wiley InterScience.* doi : 10.1002/ffj .1981

Scott A. Gentry, M. G., Laura Henry, Natalia Dudareva (2014). O efeito da superexpressão transitória de HMG-CoA redutase e 1-desoxi-D-Xilulose-5-fosfato sintase na produção de terpeno em frutos de tomate transgênico. *Simpósio da Bolsa de Investigação de verão para Licenciados (SURF).*

Seifu Juneidi, H. M. T., Alexsander van der Krol (2014). Expressão específica do tecido de uma terpeno sintase em folhas de Nicotiana benthamiana. *Jornal Americano de Ciências Vegetais, 5,* 2799-2810.

Shashi Kumara, F. M. H., Edward Baidooc,Talwinder S. Kahlona,Delilah F. Wooda,Colleen M. McMahana,Katrina Cornishb, Jay D. Keaslingc,Henry Danielld,Maureen C. Whalena (2012). Reformulando a via isoprenóide no tabaco, expressando a via citoplasmática do mevalonato nos cloroplastos. *Engenharia Metabólica, 14(1),* 19-28.

Sheludko, Y. V. (2010). Recent Advances in Plant Biotechnology and Genetic Engineering for Production of Secondary Metabolites [Avanços recentes em biotecnologia vegetal e engenharia genética para a produção de metabólitos secundários]. *Cytology and Genetics, 44*(1), 52-60. doi : 10.3103/S009545271001010X

Shuiqin Wu, J. C. (2008). Engenharia metabólica de produtos naturais em plantas; ferramentas do comércio e desafios para o futuro. *Plant Biotechnology, 19*(2), 145-152. doi : 10.1016/j .copbio. 2008.02.007

Shuiqin Wu, M. S., Anthony Clark, R Brandon Miles, Robert Coates & Joe Chappell (2006). A reorientação dos precursores isoprenóides citosólicos ou plastidiais aumenta a produção de terpenos nas plantas. *Nature Biotechnology, 24,* 1441-1447. doi : 10.1038/nbt1251

Soheil S Mahmoud, R. B. C. (2002). Estratégias para a manipulação transgénica da biossíntese de monoterpenos em plantas (revisão). *Trends in Plant Science, 7*(8), 366-373. doi : 10.1016/S1360-1385(02)02303-8

Sol A. Green, X. C., Niels J. Nieuwenhuizen, Adam J. Matich, Mindy Y. Wang, Barry J. Bunn, Yar-Khing Yauk e Ross G. Atkinson. Atkinson (2011). Identificação, caraterização funcional e regulação da enzima responsável pela biossíntese de (E)-nerolidol floral em kiwis (Actinidia chinensis). *Journal of Exprimental Botany.*

Stierman, B. (2013). Agentes de guerra química em plantas: Terpenos biodefensivos de Sagebrush. *Universidade Estadual de Bois.*

Sumit Ghosh, U. K. S., Vijaykumar S. Meli,Vinay Kumar, Anil Kumar,Mohammad Irfan, Niranjan Chakraborty, Subhra Chakraborty, Asis Datta (2013). Indução de senescência e identificação de genes diferencialmente expressos em tomate em resposta ao monoterpeno. *PLOSone, 8*(9).

T . Eelco Wallaart, H. J. B., Jacques Hille,Lucas Poppinga,Niels C. A. Maijer. (2001). Amorpha-4,11-diene synthase: clonagem e expressão funcional de uma enzima chave na via biossintética do novo fármaco antimalárico artemisinina. *Planta, 212*(3), 460-465. doi : 10.1007/s004250000428

T.B. Adams, C. L. G., M.M. McGowen,W.J. Waddell,S.M. Cohen,V.J. Feron, L.J. Marnett, I.C. Munro,P.S. Portoghese, I.M.C.M. Rietjens, R.L. Smith (2011). A avaliação FEMA GRAS dos hidrocarbonetos terpénicos alifáticos e aromáticos utilizados como ingredientes aromatizantes (revisão). *Food and Chemical Toxicology, 10*(49), 2471-2494.

T.B. Ng, F. L. Z. T. W. (2000). Antioxidative activity of natural products from plants *Life Sciences, 66(* 8), 709-723.

Tabasum Kawoosa, H. S., Amit Kumar, Sunil Kumar Sharma, Kiran Devi, Som Dutt, Surender Kumar Vats, Madhu Sharma, Paramvir Singh Ahuja, Sanjay Kumar (2010). Biossíntese de terpenos regulada pela luz e pela temperatura: acumulação de picrosídeo monoterpeno hepatoprotector em Picrorhiza kurrooa. *Functional & Integrative Genomics, 10*(3), 393-404. doi : 10.1007/s10142-009-0152-9

Takeshi Shimoda, M. N., Rika Ozawa, Junji Takabayashi e Gen-ichiro Arimura (2012). O efeito do (E)-b-ocimeno geneticamente enriquecido e o papel do aroma floral na atração do ácaro predador Phytoseiulus persimilis por misturas de voláteis de torenia induzidas pelo ácaro da aranha. *new Phytol, 193,* 1009-1021. doi: 10.1111/j.1469-8137.2011.04018.x

Tazyeen Nafis, M. A., Mauji Ram, Pravej Alam, Seema Ahlawat, Anis Mohd, Malik Zainul Abdin (2011).
Aumento do teor de artemisinina através da expressão constitutiva do gene da HMG-CoA redutase numa estirpe de alto rendimento de Artemisia annua L. *Plant Biotechnology Reports, 5*(1), 53-60.

Tessa Moses, J. P., Johan M. Thevelein e Alain Goossens. (2013). Bioengenharia de (tri) terpenóides vegetais: da engenharia metabólica de plantas à biologia sintética in vivo e in vitro (revisão). *NewPhytology, 200*(27-43). doi : 10.1111/nph.12325

Teun W. J. M. van Herpen, K. C., Marilise Nogueira, Dirk Bosch, Harro J. BouwmeesterJules Beekwilder. BouwmeesterJules Beekwilder (2010). Nicotiana benthamiana como plataforma de produção de precursores de artemisinina. *PLOS one, 5*(12).

Tholl, D. (2006). Terpene synthases and the regulation, diversity and biological roles of terpene metabolism *Current Opinion in Plant Biology, 9*(3), 297-304. doi : 10.1016/j.pbi.2006.03.014

Thomas J Maimone, P. S. B. (2007). Esforços sintéticos modernos para terpenos biologicamente activos (revisão). *Nature Chemical Biology, 3*(396 - 407). doi : 10.1038/nchembio.2007.1

Ting Yang, G. S., Manus Thoen, Gerrie Wiegers e Maarten A. Jongsma. Jongsma (2013). Crisântemo que expressa um gene linalol sintase 'cheira bem', mas 'sabe mal' para tripes de flores ocidentais. *Biotecnologia Vegetal, 11*(7), 875-882 doi : 10.1111/pbi.12080

Tobias G. Kollner, M. H., Claudia Lenk, Ivan Hiltpold, Ted C.J. Turlings, Jonathan Gershenzona e Jorg Degenhardt (2008). A Maize (E)-P-Caryophyllene Synthase Implicated in Indirect Defense Responses against Herbivores Is Not Expressed in Most American Maize Varieties [W][OA]. *Plant Cell, 20*(2), 482-494. doi : 10.1105/tpc.108.200210

Tremouillaux-Guiller, D. J. (2013). Cultura de raiz de cabelo: uma plataforma alternativa para a expressão de terpenóides.
Natural Products, 2941-2970. doi : 10.1007/978-3-642-22144-6_136

Ute Vogler , A. S. R., Cesare Gessler e Silvia Dorn (2009). Comportamento de localização do parasitoide hospedeiro mediado por terpenos em genótipos de maçã transgénicos e de criação clássica. *Biotecnologia Vegetal.* doi : 10.1021/jf901024y

Varnika Bhatia, J. M., Ajay Jain, Krishan Kumar Sharma e Ramcharan Bhattacharya (2014). A feromona repelente de pulgões E-P-farneseno é gerada em Arabidopsis thaliana transgénica que sobreexpressa a farnesil difosfato sintase. *Annals of Botany.* doi : 10.1093/aob/mcu250

Varvarta P. Grichko, E. C. S. a. M. S. (2003). Propriedades anti-etileno de monoterpenos e alguns outros componentes naturais de plantas. *Biochem&Biotech.*

Vinod Shanker Dubey, R. B., Rajesh Luthra (2003). An overview of the non-mevalonate pathway for terpenoid biosynthesis in plants. *Journal of Biosciences, 28*(5), 637-646. doi : 10.1007/BF02703339

Vranova' E, C. D. a. G. W. (2012). Estrutura e dinâmica da rede de vias de isoprenoides. *Molecular Plant, 5.*

W. G. W. Kurz, F. C., e A. W. Alfermann (1984). Aspectos que afectam a biossíntese e a biotransformação de metabolitos secundários em culturas de células vegetais. *Critical Reviews in Biotechnology, 2*(2), 105-118. doi : 10.3109/07388558409082582

W.E.C. Smith , R. S., W. P. Williams , D. S. Luthe , G. V. Sandoya , C. L. Smith , D. L. Sparks , A. E. Brown. (2012). Uma linha de milho resistente a herbívoros libera constitutivamente (E) -P-Caryophyllene. *Journal of Economic Entomology.* doi: http://dx.doi.org/10.1603/EC11107

W.Sabelis, M. D. a. M. (1989). Será que compensa às plantas publicitar a contratação de guarda-costas. *Towards a cost-benefit analysis of induced,* 341-358.

Wang Q, P. Y., Hou R, Jiang K, Huang Z, Hsieh M e Sun X. (2007). Clonagem molecular e caraterização da 1-hidroxi-2-metil-2-(E)-butenil 4-difosfato redutase (CaHDR) de Camptothecaacuminata e sua identificação funcional em Escherichia coli. *BMBreports, 41,* 112-118.

Wayne L. Morris, L. J. M. D., Tom Shepherd, Efraim Lewinsohn, Rachel Davidovich-Rikanati, Yaron Sitrit, Mark A. Taylor (2011). Usando a via MVA para produzir altos níveis do sesquiterpeno a-copaene em tubérculos de batata. *Phytochemistry and Pharmacognosy, 72*(18), 22882293. doi: 10.1016/j.phytochem.2011.08.023

Wilfried Schwab, T. C. F., Ashok Giri, Matthias Wust (2015). Aplicações potenciais de glucosiltransferases na produção de terpeno glucosídeo: impactos no uso de aroma e fragrância. *Microbiologia Aplicada e Biotecnologia, 99*(1), 165-174. doi : 10.1007/s00253-014- 6229-y

Wink, M. (2003). Evolution of secondary metabolites from an ecological and molecular phylogenetic perspective. *phytochemistry, 64*(1), 3-19. doi : 10.1016/S0031-9422(03)00300-5

Xin Wang, D. R. O. a. J. S. Y. (2015). Produção fotossintética de hidrocarbonetos terpenos para combustíveis e produtos químicos. *Jornal de Biotecnologia Vegetal, 13*(2), 137-146. doi :

10.1111/pbi.12343

Xiu-Dao Yu, J. P., You-Zhi Ma, Toby Bruce, Johnathan Napier, Huw D. Jones e Lan-Qin Xia (2012). Engenharia metabólica de genes de (E)-P-farneseno sintase derivados de plantas para um novo tipo de plantas geneticamente modificadas resistentes a afídeos. *Jornal de Biologia Vegetal Integrativa, 54*(5), 282-299. doi : 10.1111/j.1744-7909.2012.01107.x

Y. N. Tian, W. M., Q. H. Wei, X. Y. Han, S. Luo, X. R. Chen, B. J. Qiu, L. Ma. (2013). Efeito de quatro tipos de monómeros de terpeno nas actividades de acetilcolinesterase em larvas de Zophobas morio. *Pesquisa de Materiais Avançados, 641-642,* 740-743. doi: 10.4028/www.scientific.net/AMR.641-642.740

Y. Sitrit, R. D.-R., E. Pichersky, E. Lewinsohn. (2007). Biotecnologia para melhorar o aroma e o sabor do tomate. *ISHS.*

Yong Foo Wong, N. W. D., Sung-Tong Chin, Tony Larkman, Philip J. Marriott (2015). Distribuição enantiomérica de terpenos selecionados para avaliação da autenticidade do óleo australiano Melaleucaalternifolia. *Industrial Crops and Products, 67,* 475-483. doi: 10.1016/j.indcrop.2015.01.066

Yoshiya Seto, A. S., Kei Asami,Atsushi HanadaMikihis Umehara,Kohki Akiyam eShinjiro Yamaguchi (2013). A carlactona é um precursor biossintético endógeno das estrigolactonas. *Academia Nacional de Ciências.*

YOU Shu-zhen, Y. H.-q. C. o. H. S. a. E., Shandong Agricultural University, State Key Laboratory of Crop Biology, Tai'an, Shandong 271018, China) (2008). Carotenoid Cleavage Dioxygenases and Their Physiological Function. *Ata Botanica Boreali-Occidentalia Sinica.*

Yueyue Wang, F. J., Shuoye Yu, Yunfei Chen, Tao Wang, Pin Liu, Guofeng Wang, Xiaofen Sun e Kexuan Tang (2011). A co-overexpressão dos genes HMGR e FPS aumenta o teor de artemisinina em Artemisia annua L. *ournal of Medicinal Plants Research, 5*(15), 3396-3403.

Yunfei Chen, Q. S., Yueyue Wang, Tao Wang, Shaoyan Wu, Ling Zhang, Xu Lu, Fangyuan Zhang, Weimin Jiang, Bo Qiu (2013). A superexpressão sobreposta dos genes FPS, CYP71AV1 e CPR leva ao aumento do nível de artemisinina em Artemisia annua L. *Relatórios de Biotecnologia Vegetal, 7*(3), 287-295. doi : 10.1007/s11816-012-0262-z

ZHANG Wen, W. Y.-l., LIN Juan,LU Jie1,SUN Xiao-fen,TANG Ke-xuan (2008). Transformação de Ginkgo biloba com o gene da 1-hidroxi2-metil-2-(E)-butenil-4-difosfato redutase. *Jornal da Universidade de Fudan (Ciências Naturais).*

Zhang, Y. N., Goska; Reed, Darvin W.; Covello, Patrick S. (2011). A produção de precursores de artemisinina no tabaco. *Revista de Biotecnologia Vegetal, 9*(4), 445-454.

Ziegleder, G. (1990). O teor de linalol como caraterística de alguns cacaus de qualidade aromática. *Zeitschrift fur Lebensmittel-UntersuchungundForschung, 191(4-5),* 306-309. doi : 10.1007/BF01202432

Printed by Books on Demand GmbH, Norderstedt / Germany